はじめに

谷津綱一

　受験生は時に，読みとった情報を**整理**し，与えられた条件より**推察**し，手間をかけつぶさに**調べ**，丹念かつ慎重に**確かめ**，解法を簡潔に**まとめる**べく問題と出くわし対峙します．

　理解力，洞察力，判断力，正確性，表現力，…．文字にすると難解ですが，"数学を解く"とは，無意識のうちにいずれをも養い，なお且つ頭の中で廻らす秩序を，より明快で正しいものへと誘います．

　ところで，入試問題は高校からのメッセージと言えます．
　ある高校では半年以上前から，作題に取りかかると伺いました．
　　　'入学して欲しい生徒像'
　　　'身に着いているべき力'
　　　'これまでの学習の真価'
　想像するにこうした論点を発し，設問のフレームはもとより誘導の方向性の微細に至るまで，議論に議論を重ね，検討に検討が重ねられ，その終着点としての高校入試問題なのです．

　入試問題は先生方の魂が吹き込まれた渾身の１題であり，同時にそれは受験生への挑戦状でもあります．

　『月刊「高校への数学」 ワンポイント・ゼミ』は，高校入試問題の攻略を目的とし，今も書き連ねています．その中からここに，とっておきの 52 編を選りすぐりました．いつも年度初めに込める言葉"知って得をする受験に必要な知識"の集大成であって，なにより難関高校への合格を最大の宿願とします．

　本書で特にこだわったのは，問題への最適なアプローチの選択眼を養うことです．入試では，発信されるメッセージや仕掛けを短時間で的確に見抜き読み解かないと，思わぬ苦闘にさらされ跳ね付けられることになるのです．<u>メッセージに潜む隠された鍵は何か</u>，本書はこの核心を露わにし突破の糸口を目の前に提示します．

　皆さんの第一志望校合格という夢へ，一歩でも近づくお手伝いができれば幸いです．

2016 年 2 月

 # 本書の使い方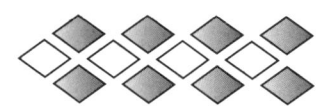

■ 本書の特長

ワンテーマにつき見開き2ページ完結の構成です．

始める順序を違えてもさしつかえないよう，すべてのテーマに等しく説明と問題，それを継ぐ解法を載せているので，いま必要なテーマに絞った学習ができます．

■ 本書の構成

『数』，『関数とグラフ』，『平面図形』，『立体図形』という，高校入試の主要分野を本書の柱としています．

中でも特に，'知識の差が物を言うテーマ'を殊の外集めました．知っているか知らないか，解いたことがあるか無いか．この事が受験の合否を占めやすいテーマばかりが並んでいます．実際の高校入試問題が主な題材ですので，臨場感を伴いながらにしてポイントが確認できるようになっています．

さらに巻末には，本書の要点や登場する重要定理・公式が一堂に会した『インデックス』も設けています．内容を整理するのに適しています．

■ 本書の進め方

"理解と確認"→"定着"→"実践"という3つの工程の流れを意識してください．

・最初は"理解と確認"

すぐさまペンを手にするより，まずはゆったりと目を通すことより始めてください．ひとまず目で追って理解すること，それも繰り返しなぞることをお奨めします．説明や解法で気になったポイントや重要な手筋を洗い出し，手許のノートへ書き留めましょう．これを「まとめノート」とします．この新たな知識との出会いこそが，自分だけのオリジナルな参考書を完成させます．

・次は"定着"

数学で伸びずに苦労するのは，分かったつもりに陥っている状態の時です．

そこでいよいよ読むことから解く段階へと昇段します．理解した引き出しがいざ使いこなせるかの試してみます．ここが最も苦しいですが，自力で問題の鍵をこじ開けてみましょう．

注意するのは，計算をぐちゃぐちゃと隅に追いやるのではなく，後の見直しでも解法がすぐ復唱できるよう，道筋を描いておくことの大事さです．これを「解法ノート」とします．

事実入試でも，過程の跡に加点がなされたり，逆に答えのみでは正解として認められないケースもあると聞きます．

・そしていよいよ"実践"

もし十分な力が着いたら，本書の解法を真似るのではなく，いわゆる別解を掘り当ててみてください．「自分だったらこう解く」という意志は，数学を伸ばす上で大切なことです．ひとりひとりの得意技が生まれるのもこうした体験からです．

・最後に大切な"意欲"

'もっと知りたい'，'より学びたい'．こうした意欲が最後は合格へと導きます．くじけそうになってもめげずに粘り強く臨みやり遂げてください．

目　次

序文 …… 1

本書の利用法 …… 2

［本編］

＜数＞

① ベン図を活かす，ベン図で活かす …… 4
② ‘あまり’に強い悠久の中国 …… 6
③ そのヒントはgに聞こう …… 8
④ “モジュロ計算”で楽に解く …… 10
⑤ エジプト産“単位分数”で遊んでみよう 12
⑥ 消えゆく“記数法”の考え …… 14
⑦ レプユニット数を知っていますか？ …… 16
⑧ $[x]$の使いこなし …… 18
⑨ 牛丼復活の日を願う …… 20
⑩ “ビッグな不定方程式”を操る …… 22
⑪ 食塩水を“てんびん算”で解こう …… 24

＜関数とグラフ＞

⑫ “等積変形”と仲良くやろう …… 28
⑬ 等積変形を糸口に，局面を打開する …… 30
⑭ 環の公式 …… 32
⑮ ‘座標’と‘角度’をつなぐアイテム …… 34
⑯ 線分と見込む角が一定ならば …… 36
⑰ ‘折り返し’を座標で斬る！ …… 38
⑱ 放物線の際立つ特徴を解き明かす …… 40
⑲ 放物線にまつわる3つの話題 …… 42
⑳ 放物線の‘ヘソ’を探せ …… 44
㉑ 押さえておこう“直角双曲線”にできること…… 46
㉒ ‘最大’をグラフでみる …… 48
㉓ 観点を変える“v-tグラフ” …… 50

＜平面図形＞

㉔ “補助線”の基本を固める …… 54
㉕ ロバも知る，対称点の話 …… 56
㉖ “内心I”は角から生まれる …… 58
㉗ トリチェリの問題 …… 60
㉘ ラングレーの着想 …… 62
㉙ 円の折り返しの諸性質 …… 64
㉚ 二等分が生む円内の相似形に着目する…… 66
㉛ 内接とみるか，傍接とみるか …… 68
㉜ ‘お気に入り’から作る …… 70
㉝ 円周上ともう1つの動点 …… 72
㉞ 正三角形が円内でひときわ輝く …… 74
㉟ 江の島定理 …… 76

＜立体図形＞

㊱ 立方体を削ぐ …… 80
㊲ 浮かび上がる‘正六角形’のフォルム …… 82
㊳ 長方形を折った立体の高さはどこ？ …… 84
㊴ 空間での最短経路 …… 86
㊵ パッ！と広げろ“直線反射” …… 88
㊶ “双対性”は作題のタネ …… 90
㊷ “半正多面体”は魅了する …… 92
㊸ ねじった立体“反角柱”を入試でマーク 94
㊹ 究極の対称図形‘正八面体’攻略マニュアル…… 96
㊺ 這うように走る糸の長さ …… 98
㊻ 平面と球面の交わり …… 100
㊼ 粘着面にくっつく球 …… 102
㊽ 正多面体の“辺接球”を解き明かす …… 104
㊾ ランプ-シェードの定理 …… 106
㊿ 回転体は魔女の三角帽子 …… 108
(51) 回転体もメンドウじゃない！ …… 110
(52) ‘影の問題’の主役たち …… 112

［コラム］

① 魔方陣を作って遊ぼう …… 26
② ‘チョコ電’が走る …… 52
③ “三角不等式”で示す，鎌倉遠足の集合場所 78
④ ‘みなぞうくん’を$\lfloor x \rfloor$で解く …… 114

インデックス …… 116

あとがき …… 120

入試を勝ち抜く数学ワザ①
ベン図を活かす，ベン図で活かす

次は，00 年の国学院高校の問題です．

問題 1. 100 以下の正の整数のうちで，3 の倍数であって，5 の倍数でないものの個数を求めよ．

解法 まず，100 以下の 3 の倍数の個数は，
$$100 \div 3 = 33.3\cdots$$
よって，33 個あることがわかります．

そして次に，その中から 5 の倍数であるものを除いていきます．

3，6，9，12，15，18，21，24，27，30，…

つまり，15（3×5）の倍数を取り除けばよいのですね．

ところで，100 以下の 15 の倍数の個数は，
$$100 \div 15 = 6.6\cdots$$
より，6 個とわかります．

したがって，題意を満たすものの個数は，
$$33 - 6 = \mathbf{27}\,(個)$$
となります．

以上，ずらずらと書いてきましたが，これがもし，「(*) 2 の倍数であって，3 でも 5 でも割り切れないものの個数」となるとどうでしょうか．これはかなりややっこしくなりそうです．

そこで効果的なのが，ベン図（Ben-Euler 図式）といわれる図式です．

問題 1 をこれを使って描いてみると，右のようになって，太

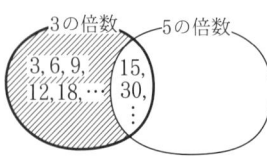

線内が 3 の倍数の集まり，細線内が 5 の倍数の集まり，そしてこれら両方が重なっている部分は，3 と 5 の公倍数の集まりを表しています．したがって，求めるのは'斜線部にある数'の個数であることがわかるでしょう．

続いて，さきほどの問題(*)について描いてみると，図の太線内は 2 の倍数で，その中の 3 つの図形が重なっている部分

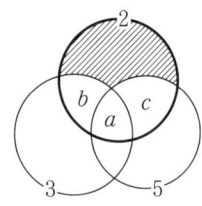

a は，2，3，5 の公倍数を表しています．そして，$a+b$，$a+c$ の部分はそれぞれ 2 と 3，2 と 5 の公倍数であることから，結局求めるのは斜線部ということがわかります．

したがってこれは，
（2 の倍数）
　－｛（2 と 3 の公倍数）＋（2 と 5 の公倍数）
　　　－（2 と 3 と 5 の公倍数）｝

と，計算すればよいことが，一目瞭然ですね．

どうですか，ベン図は皆さんが頭のなかで考えていることを，そのまま紙に映し出しているみたいでしょ．

このようにベン図を描くことは，ダイヤグラムなどと同様，直接問題を解くための手段ではありませんが，<u>視覚的に表現されることで，問題が整理しやすくなる</u>，という効果を持っています．これにより，問題 1 や問題(*)では，"場合分け"が明確に正しく行なわれていることに注意しましょう．

次に今度は，ベン図を描くことが文章題を解く手助けになる，というタイプの問題を紹介します．もちろんこれによって，その文章題が解決するわけではありませんが，ベン図により全体の見渡しができて，把握しやすくなる，つまり，"全容解明"に役立つ，というものです．

その代表例として，99 年の城北高校の問題をやってみましょう．

問題 2. 47人の生徒について調査したところ，パソコンを持っているものが41人，CDプレーヤーを持っているものが37人，デジタルカメラを持っているものが24人いた．これらを3つとも持っているものは少なくとも何人か．

この手の問題を解くときに，まず整理しておかなければいけないことは，3つすべてを持っている人，3つのうちの2つを持っている人，1つだけを持っている人，1つも持っていない人の"4通り"の人がいる，ということです．

そこで，右のようなベン図を描きます．PはパソコンPはパソコン，CはCDプレーヤー，Dはデジタルカメラをそれぞれ持っている人の集まりです．

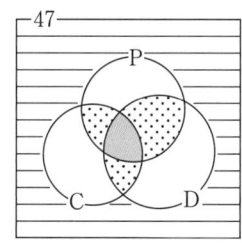

そうすると，
- 3つすべてを持っている人 …網目部分
- 2つだけを持っている人 ……打点部分
- 1つだけを持っている人 ……白い部分
- 1つも持っていない人 ………横線部分

と，区別することができます．

また，'少なくとも'とは'最も少ないとき'ということです．

解法 まず，下の図1, 2を比べて下さい．

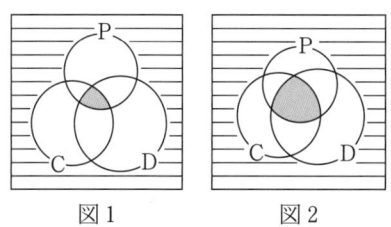

図1，2ともP, C, Dの大きさはそれぞれ同じですが，3つが重なっている部分（網目部分）の大きさが異なっていますね．そこで，何か気が付きましたか．そう，網目部分が小さいほど，横線部分も小さく，またその逆もいえるのです．

したがって，題意を満たすためには，なるべく横線部分を少なくすればよいのです．つまり，これらの機器を1つも持っていない人を'0人'としてしまえばよいのです．よって47人全員が，何かしら1つは持っている，と仮定しましょう．

続けて，図3, 4をみてください．

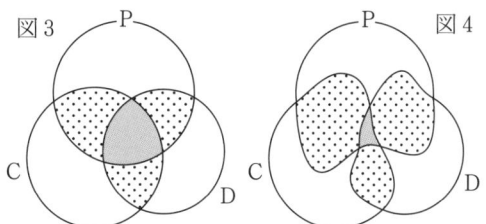

今度は，網目部分と白い部分が連動して増減しています．つまり，白い部分（1つだけを持っている人）をなるべく少なくすることが，題意を満たすことになります．ですから，これも'0人'としてしまいましょう．

これでかなり整理されました．つまり，この問題は47人全員を，「3つすべてを持っている人」と，「2つを持っている人」の2通りに分類して，話を進めればよいことになります．

そこでこれらの機器を，一人がいくつ持っているのかに関わりなく，すべて集めてみましょう．41＋37＋24＝102．つまり，'のべ102台'であるといえます．そしてこの102台を，まず47人全員（1人目から47人目）に2台ずつ振り分けてみます．すると，102－47×2＝8より，8台余ることになりますね．よってこれら8台を，今度は1人目から8人目までに，再度振り分けることになりますから，結局，その**8人**が「3つとも持っている人」に該当することになります．

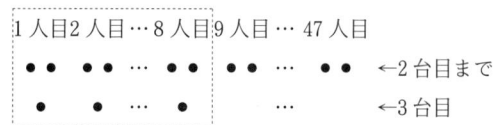

そして事実，2つを持っている人を，PとCが23人，PとDが10人，CとDが6人とすると，確かに条件が満たされています．

5

入試を勝ち抜く数学ワザ②

'あまり'に強い悠久の中国

今回はまず，次の「余り」に着目した問題からやってみましょう．

問題 1． 1から100までの整数について，次の各問いに答えよ．
（1） 12で割って7余る数はいくつあるか．
（2） 3で割ると2余り，5で割ると1余る数は，全部でいくつあるか．

（1）は，小さい順に並べて，
 7, 19, 31, 43, 55, 67, 79, 91
としてもできますが….

解法 （1） 数直線を書いてみましょう．

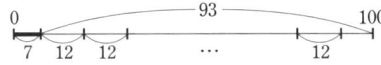

100から余りの7を引いて93，この中に12の固まりがいくつあるのかを考えます．
 $(100-7) \div 12 = 7$ 余り 9
こうして，この中に12が7個あることがわかり，商0の場合も加えて，$(7+1)=$ **8**（個）とします．

| （全体の集まり − 余り）÷ 割る数 |

つまりこうなのですね．

これをもっと数学っぽくしてみます．割る数をp，商をq，余りをrとすると，$pq+r$と表せるので，
 "12で割ると7余る数"は，"$12q+7$"
と置けます．

すると題意から，これが1から100までの整数なので，不等式を使ってこうします．
 $1 \leq 12q+7 \leq 100$ （qは0または自然数）
これを解いて $-0.5 \leq q \leq 7.75$

となるので，満たすqは0, 1, …, 7なので，**8個**とわかります．

（2） まず書き出してみましょう．
 3で割ると2余る数
 → 2, 5, 8, ⑪, 14, 17, 20, 23, ㉖, …
 5で割ると1余る数
 → 1, 6, ⑪, 16, 21, ㉖, …
ここから共通な数は，小さい順に
 11, 26, 41, …
で，"15で割ると11余る数"と予測できます．

またまた数学的にしてみましょう．
$3a+2$，$5b+1$と置きたいところですが，今回はまず，余りを同じに揃えることに腐心しましょう．例えば先ほどの式へ，$a=a'+3$, $b=b'+2$を代入すると，
 $3(a'+3)+2 = 3a'+11$
 $5(b'+2)+1 = 5b'+11$
となりますから，これで余りが統一されました．つまり，
 「3で割ると2余る数」
  →「3で割ると11余る数」……*
 「5で割ると1余る数」
  →「5で割ると11余る数」……*
こう言い換えることができるのです．
結局これら*から，題意を満たす数は，
 「3で割っても5で割っても11余る数」
  →「15で割ると11余る数」
ですから，
 "$15q+11$"
と置けます．あとは先ほどと同じですね．
 $1 \leq 15q+11 \leq 100$ （qは0または自然数）
から，
 $-0.66\cdots \leq q \leq 5.93\cdots$
で，これを満たすqは0, 1, …, 5です．よって，（2）の答えは **6個** です．

皆さん『**中国剰余定理**』というのを聞いたことがありますか？
実は（2）で，最小の解が"必ず存在すること"および，それ以降の解は"15の間隔で増えて

いくこと"が，この定理によって保証されているのですよ．だからこそ，自分たちは安心して答えを求めることが可能なのです．

悠久の中国を感じさせる大きさがあります．

続いては「中学への算数」で見つけた，中学受験の問題です．07年の巣鴨中です．もちろん実際は算数で解くのですが，ここでは数学の知識をふんだんに使ってやってみます．

> 問題 2. 100から1000までの整数の中で，次の各問いに答えよ．
> （1） 5で割ると3余り，7で割ると4余る整数は何個あるか．
> （2） ある整数xで割ると，余りが19となるものが28個ある．このとき，xの値を求めよ．

（1）はまず，先ほどと同じ考えで余りを揃えましょう．その余りですが，'3に5の倍数を順次加えていったもの'と'4に7の倍数を加えていったもの'，これらに共通する最小の数を探します．

解法 （1） 共通する最小の余りは18ですから，$5a+18$，$7b+18$と置きます．これらから求める数は'5で割ると18余り，7で割ると18余る数'なので，

"35で割ると18余る数"

です．そこで，"$35q+18$"と置きます．これが100〜1000の中にあるので，

$$100 \leq 35q+18 \leq 1000$$
$$2.3\cdots \leq q \leq 28.05\cdots$$

よって，これを満たすqは，3，4，…，28ですから，$28-2=$ **26（個）** が答えです．

（2）はかなりの難問です．これまでと全く別のアイディアでやってみます．

（2） 次の数直線を見てください．ここには100〜1000の中に，xがギュッと詰まっている様子が描かれています．

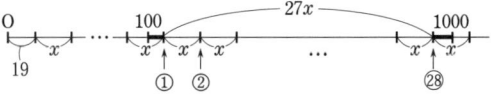

そこで題意の28個に，一つずつ番号を与えていきます．100を初めて過ぎるところを①，そして最後の1000の手前を㉘とします．この，番号①〜㉘の間には，xがいくつあるかわかりますか？そう27個です．

そこで，$(1000-100)-27x=900-27x$は，数直線の残った二つの太線部の和を表しています．

この部分は$27x$が大きくなれば0に近づきますが，小さければどうなるでしょうか．左右どちらもxにまでなることはありませんから（xより大きいとすると，もうひとつxが区切れてしまい，番号が増えてしまいます），太線部の片方は，最大でもxより1小さい数です．ですから2つの和は，最大で$2(x-1)$です．

$$0 \leq 900-27x \leq 2(x-1)$$
$$31.1\cdots \leq x \leq 33.3\cdots$$

そしてこれを満たすのは，$x=32$，33です．

ではここで，先ほどの定石を使って確かめてみましょう．

まず，$x=33$のときです．"$33q+19$"と置きます．

$$100 \leq 33q+19 \leq 1000$$
$$2.4\cdots \leq q \leq 29.7\cdots$$

より，qは3〜29の27個で，題意を満たしません．

一方，$x=$ **32** は，"$32q+19$"と置きます．

$$100 \leq 32q+19 \leq 1000$$
$$2.5\cdots \leq q \leq 30.6\cdots$$

より，qは3〜30の28個で，これが答えです．

➡ **注** 商をqとし，$100 \leq xq+19 \leq 1000$と置き，これを満たす自然数qが28個ある．と立式することもできます．

> **ミニコラム・I**
> 西暦の素因数分解
> $2018=2\times 1009$，$2019=3\times 673$，
> $2020=2^2\times 5\times 101$，
> $2021=43\times 47$，$2022=2\times 3\times 337$

入試を勝ち抜く数学ワザ③

そのヒントは g に聞こう

皆さん，普段から"最大公約数"を有効に活用できていますか？ 今回は「ちょっとその自信がない…」という人にぜひ読んでもらいたい記事です．

2数の最大公約数（Greatest Common Measure）を g とします．するとつまり，この2数は g の倍数ですから，次のように表せます．

ag, bg （a, b は互いに素な自然数）…＊

➡注 互いに素… a と b の公約数が1のみ．

例えば12と18ならば最大公約数は6なので，
$$6 \times 2, \; 6 \times 3$$
となることからも＊のように分解できるのは明らかです．ここで a と b に該当する数は2と3ですから，確かに互いに素になっています．

➡注 3×4, 3×6 のような分け方では，$a=4$, $b=6$, $g=3$ で，g が最大公約数でなくなってしまい題意に反します．それだけ a, b が'互いに素'という条件は重要なのです．

数を分解し表す方法に素因数分解型がありますが，今回はそれを使わずに，＊式のように"最大公約数 g とに分ける"秘策を紹介することにしましょう．

ではさっそく問題です．

問題 1. 下の（1）～（4）において，条件を成り立たせるような2数を求めよ．
（1） 最大公約数が7，最小公倍数105
（2） 最大公約数が5，積700
（3） 最大公約数が13，和117
（4） 最大公約数が7，平方の和2009

最大公約数がずらっと並んでいます．求める2数を A, B と置き（$A<B$），これらを＊に則り分解します．

解法 （1） ＊に沿って，$A=7a$, $B=7b$ （$a<b$, a と b は互いに素な自然数）と置きます．この最小公倍数は $7ab$ と表せるので，
$$7ab=105 \quad ab=15$$
するとこれに該当する a, b の組は，
$$(a, b)=(1, 15), (3, 5)$$
となって，したがって，
$$(A, B)=(7, 105), (21, 35)$$
で，このどちらも成り立ちます．

（2） 次も同様に，$A=5a$, $B=5b$ （$a<b$, a と b は互いに素な自然数）と置きます．
$$5a \times 5b=700 \quad ab=28$$
これに該当する互いに素な a, b の組は，
$$(a, b)=(1, 28), (4, 7)$$
となって，したがって，
$$(A, B)=(5, 140), (20, 35)$$
で，このどちらも成り立ちます．

（3） $A=13a$, $B=13b$ と置いて，
$$13a+13b=117 \quad a+b=9$$
これに該当する互いに素な a, b の組は，
$$(a, b)=(1, 8), (2, 7), (4, 5)$$
となって，したがって，
$$(A, B)=(13, 104), (26, 91), (52, 65)$$
で，このいずれもが成り立ちます．

（4） $A=7a$, $B=7b$ と置いて，
$$7^2a^2+7^2b^2=7^2 \times 41 \quad a^2+b^2=41$$
これに該当する互いに素な a, b の組は，
$$(a, b)=(4, 5) \text{となって，したがって，}$$
$$(A, B)=(28, 35) \text{が答えです．}$$

ここで，最小公倍数（Least Common Multiple）も話に加えて膨らませます．これを l とすると $l=abg$ と表せますから，次のような面白い性質を導くことができます．
$$ag \times bg = g \times l$$
書き換えるとこう言えます．

「2数の積＝最大公約数×最小公倍数」

このことを利用すると，（1）は

$7a \times 7b = 7 \times 105$ とできて，同様に解き進めることも可能です．つまり，（1）の別解となるわけです．

次のような最大公約数が明らかではないタイプでも，同じ考えをとることができます．

問題 2. 和が 56，最小公倍数 105 である 2数 A, B を求めよ．

＊を基にして ag, bg（$a<b$, a と b は互いに素な自然数）と置くことから，2数の糸口が見つかります．さあ始めましょう．

解法 和… $ag+bg=(a+b)g=56=2^3 \times 7$ …①
最小公倍数… $abg=105=3 \times 5 \times 7$ ………②

①より考えられる g としては，
$g=1, 2, 4, 7, 8, 14, 28, 56$
また②では，
$g=1, 3, 5, 7, 15, 21, 35, 105$
なので，これら①②に共通するのは，$g=1, 7$ の2種です．

・$g=1$ のとき，$a+b=56$, $ab=105$
②を参考にすると，これを満たす2数は存在しません．

・$g=7$ のとき，$a+b=8$, $ab=15$
この場合，$a=3$, $b=5$ がそれを満たします．
よって，(**21, 35**) が答えです．

➡ **注** $b=8-a$ とし積 ab へ代入して二次方程式を作るか，$ab=15$ から2つの自然数 a, b を推量し，答えを導きます．
あるいは「★ a と b が互いに素」ならば「$a+b$ と ab も互いに素」であることを利用できます．
（理由）もし，$a+b$ と ab が r の倍数だったとします．
$a+b=rM$ ……ⅰ），$ab=rN$ ……ⅱ）
と置けば(ⅱ)において★より，r が a と b の両方に含まれることはなく，仮に a が持つとします．その上でⅰ)を，$b=rM-a$ と変形すれば，右辺は r の倍数だから，左辺もそうなり★と矛盾してしまいます．つまり，——部が誤っていたわけです．

最後に，91年の開成の問題（一部略）にチャレンジしてみましょう．これまでの総決算として，やってみてください．

問題 3. 2つの自然数 a, b の最大公約数を g，最小公倍数を l とすると，
$a^2+b^2+g^2+l^2=1300$
が成立する．ただし，$a>b$ とする．
$g>1$ のとき，a, b を求めよ．

解法 ＊にしたがい，$a=gA$, $b=gB$, $l=gAB$ と置き準備します（A, B は互いに素）．
与式 $=a^2+b^2+g^2+l^2$
$=g^2A^2+g^2B^2+g^2+g^2A^2B^2$
$=g^2(A^2B^2+A^2+B^2+1)$
$=g^2(A^2+1)(B^2+1)$ ………☆
$=2^2 \times 5^2 \times 13$

と変形して待ちます．
こうすることで，☆より g の値が絞られます．考えられるのは，$g=2, 5, 10$ です．では場合分けしてやってみましょう．

① $g=2$ のとき，
$(A^2+1)(B^2+1)=5^2 \times 13$
5×13　　5　　$A=8$, $B=2$（互いに素×）
5×5　　13　$A=×$, $B=×$

よって，これを満たす a, b は存在しません．

② $g=5$ のとき，
$(A^2+1)(B^2+1)=2^2 \times 13$
2×13　　2　　$A=5$, $B=1$ ◎
13　　2×2　$A=×$, $B=×$

よって，$A=5$, $B=1$ が満たし，
(**a, b**) = (**25, 5**) が成り立ちます．

③ $g=10$ のとき，
$(A^2+1)(B^2+1)=13$
13　　1　　$A=×$, $B=×$

よって，これを満たす a, b は存在しません．

◆◆◆ ミニコラム・Ⅱ ◆◆◆
自然数 N の素因数分解が可能かどうかを知りたいならば，$\sqrt{N}$ 以下の素数で割れるかどうかを試せばよい．
例：167　$\sqrt{167}<13$．よって11以下の素数 2, 3, 5, 7, 11 で試す．

入試を勝ち抜く数学ワザ④

"モジュロ計算"で楽に解く

今回はまず，次の計算を考えてみましょう．

問題 1． 次の数を 7 で割ったときの余りを求めよ．
(1) 2^6　　(2) 6^6

単純に 2^6 をやってしまってもいいのですが，余りのみに着目して解くこともできるのです．

解法 (1) $2^6 = (2^3)^2 = 8^2$ とします．

ここで，8 を 7 で割ると 1 余るので，余りのみに着目することで，'8' を '1' に置き換えて，
$$2^6 = (2^3)^2 = 8^2 \to 1^2 = 1$$
から，**1 余る**とすることもできます．

この "余りのみに着目する" という '→の部分' の概念は，中学生にはなかなかピンとこないかも知れませんが，以下のようにやることで，理解が進むのではないでしょうか．
$$8^2 = (7+1)^2 = \underline{7^2 + 2 \times 7 \times 1} + 1^2$$
において，点線部は結局割り切れて無くなってしまいますから，1^2 だけが残るわけです．だったら最初から，「点線部を省略して計算を簡略化しよう」というねらいがあったのです．

だったらもう少し式を見やすくしようと，記号 "≡" を使って，式をつなげることにします．
$$2^6 \equiv (2^3)^2 \equiv 8^2 \equiv 1^2 \equiv 1$$

ここに出てくるのはすべて，'7 で割ったときに余りが 1 になる数' の羅列で，そしてこれらをつなげたものですからそのつじつまは合いますよね．こうすることで，たいへん見やすくもなりました．

こうすることを**モジュロ計算**といい，また '≡' の記号で結ばれた式を，**合同式**といいます．

➡注 もちろん，7 以外でも成り立ちます．

続いて (2) は，6 を 7 で割った余りを，6 とするのではなくて，7 には 1 足りないという意味で (−1) と考えます．余りなのに負の数？とびっくりするかも知れませんが，ここはあくまで便宜上ということで…．

(2) つまり，$6^6 \equiv (-1)^6 \equiv 1$ と簡単になります．

準備が整ったところで，私が模試で出題したもの (一部改題) をやってみましょう．

問題 2． 負でない整数 a を 7 で割った余りを $\{a\}$ で表すことにする．例えば，$\{15\} = 1$，$\{3\} = 3$ である．ところで，次のように簡略化しながら計算できる．

もし $\{2005^4\}$ ならば，2005 を 7 で割ると 3 余ることから $\{3^4\}$ とする．ここで，$3^4 = (3^2)^2 = 9^2$ なので $\{9^2\}$ と変形できて，そこで 9 を 7 で割ると 2 余ることから，$\{2^2\} = \{4\}$ だから余りは 4 となる．

この一連の流れを式にすれば，
$$\{2005^4\} = \{3^4\} = \{(3^2)^2\} = \{9^2\} = \{2^2\}$$
$$= \{4\} = 4$$
であって，このように，途中 7 で割ることで数を小さくする方法は有効である．

(1) $\{3^6\}$ を計算せよ．
(2) $\{x^6\} = 1$ を満たす自然数 x はどのような数か．
(3) $\{\{1^{2005}\} + \{2^{2005}\} + \cdots + \{2004^{2005}\} + \{2005^{2005}\}\}$ を計算せよ．
(4) $\{x^2 + 3x + 2\} = \{x^2\} + \{3x\} + \{2\}$ を満たす 2 桁の自然数 x はいくつあるか．

特殊記号がでていますが，問題 1 とは何ら変わりがありません．また (2) 以降のヒントは '周期が 7 になること' ですよ．

解法 (1) $\{3^6\} = \{(3^2)^3\} = \{9^3\} = \{2^3\}$
$= \{8\} = 1$ となります．

(2) 順に代入していきます．
$x = 1$ のとき，$\{1^6\} = 1$
$x = 2$ のとき，問題 1 より 1

$x=3$ のとき，(1)より 1
$x=4$ のとき，$\{4\}=\{-3\}$ なので，
$\{4^6\}=\{((-3)^2)^3\}=\{9^3\}=\{2^3\}=\{8\}=1$
$x=5$ のとき，
$\{5^6\}=\{((-2)^3)^2\}=\{(-8)^2\}=\{64\}=1$
$x=6$ のとき，$\{6^6\}=\{(-1)^6\}=\{1^2\}=1$
$x=7$ のとき，$\{7^6\}=0$

続けて $x=8$ 以上のときは，$\{8^6\}=\{1^6\}$，$\{9^6\}=\{2^6\}$ と，$x=1\sim7$ の場合に帰着されますから，調べるのはこの場合だけでいいのです．よって答えは，**x は 7 で割り切れない数**．

ところで不思議に思いませんか．$1^6\sim6^6$ の余りがすべて 1 だったことを．実はこれには，裏打ちされたものがあるのです．

＜フェルマーの小定理＞
(k が素数で，k と a が互いに素であるとき)
a^{k-1} を k で割ると，余りは 1 になる．

---

(2)では，$k=7$ で，a は $1\sim6$ までの値をとっていますから，正にこの定理そのものです．
(3) 前問より，a は $1\sim6$ のとき，a^6 は 1 となりますから，これを上手く利用しましょう．
要するに，$a^{2005}=\underline{(a^6)^{334}}\times a$ と考えれば，波線部は 1 ですから，$1\times a$ とできるわけです．
$\{1^{2005}\}=1$，$\{2^{2005}\}=\{1\times2\}=2$，
$\{3^{2005}\}=\{1\times3\}=3$，さらに $\{4^{2005}\}=4$，
$\{5^{2005}\}=5$，$\{6^{2005}\}=6$ で，$\{7^{2005}\}=0$ です．
ここから先は，$\{8^{2005}\}=\{1^{2005}\}$，$\{9^{2005}\}=\{2^{2005}\}$ と帰着できるので，結局，与式は
$\{(1+2+3+4+5+6+0)$
$+\cdots+(1+2+3+4+5+6+0)+1+2+3\}$
$=\{(1+2+3+4+5+6+0)\times286+1+2+3\}$
$=\{21\times286+6\}=\mathbf{6}$ となります．
(4) x に 7 までを順に代入すると，$x=1, 3, 7$ の時に成り立つことが分かります．このことから，x を 7 で割ったときの余りをもとにして，次のように分類します．
① x が 7 の倍数のとき，$x=7n$ として代入すると，左辺$=\{(7n)^2+3\times(7n)+2\}=2$
　　　　　　　　　右辺$=\{(7n)^2\}+\{3\times(7n)\}+\{2\}=2$

より成り立つことが確認できます．
② x が 7 で割ると 1 余る数のとき，$x=7n+1$ として，
　左辺$=\{(7n+1)^2+3\times(7n+1)+2\}=6$
　右辺$=\{(7n+1)^2\}+\{3\times(7n+1)\}+\{2\}=6$
となるので成り立ちます．
③ x が 7 で割ると 3 余る数のとき，
　左辺$=\{(7n+3)^2+3\times(7n+3)+2\}=6$
　右辺$=\{(7n+3)^2\}+\{3\times(7n+3)\}+\{2\}=6$
となるので成り立ちます．
④ 同様にすれば，それ以外の時は成り立たないことが確認できます．

そうすると，等式を成り立たせる x を順に書き出せば，$x=1, 3, 7, 8, 10, 14, \cdots$ と続くので，これを満たす 2 桁の自然数を数えればいいのです．そして，①〜③の場合について，それぞれが 13 個ずつなので，$13\times3=\mathbf{39}$ **(個)**

そして最後にもう一題です．

問題 3. $1\times2\times3\times4\times5\times6\times7\times8\times9$ を 11 で割った余りを求めよ．

今度は割る数が 11 ですが，やり方はまったく同じです．うまくまとめて，'負の余り' を利用しましょう．
解法 与式$\equiv1\times(2\times5)\times(3\times4)$
　　　　$\times(6\times9)\times(7\times8)\equiv1\times(-1)\times1\times(-1)\times1\equiv1$
となり，余りは **1**

いかがですか．きれいに収まったでしょう．実はこれも定理があって，

＜ライプニッツの定理＞
(k が素数のとき)
$1\times2\times\cdots\times(k-2)$ を k で割ると，余りは 1 になる．

問題 3 では，$k=11$ の場合だったわけですね

余りに着目したモジュロ計算，使いこなせるようになりましたか．「剰余系」の問題を見かけたら，ぜひ試してみてくださいね．

入試を勝ち抜く数学ワザ⑤ エジプト産"単位分数"で遊んでみよう

日頃からよく用いている分数にも，まだまだ新しい発見が潜んでいます．

まずはその素材として，私が以前に塾の模試で出題したものから入っていきましょう．

> **問題1.** 分子が1の分数は'単位分数'と呼ばれ，太古の昔より特殊な数と位置付けられていた．特に4000年前の古代エジプトでは，すべての分数は'単位分数'で表すことと定められていた．それは例えば次のようなことである．
>
> $$\frac{2}{3}=\frac{1}{2}+\frac{1}{6}$$
>
> このとき，次の各問いに答えよ．
>
> （1） $\frac{1}{3}$ を2つの単位分数の和の形で表せ．
>
> （2） $\frac{1}{k}=\frac{1}{a}+\frac{1}{b}$ とおき，k, a, b ($a<b$) は自然数とする．
>
> ① これを変形すると
> $$(a-k)(b-k)=\boxed{}$$
> となる．このとき，$\boxed{}$ に入る文字や数を答えよ．
>
> ② $k=12$ のとき，(a, b) の組は何組あるか答えよ．

解法 （1） $\frac{1}{3}=\frac{1}{4}+\frac{1}{12}$

（2）① 両辺に abk を掛けて整理します．
$$ab=bk+ak$$
$$ab-bk-ak=0$$
$$a(b-k)-k(b-k)=k^2$$
$$(a-k)(b-k)=\boldsymbol{k^2}$$

② ①に $k=12$ を代入します．
$$(a-12)(b-12)=12^2$$
$$(a-12)(b-12)=144$$

$a<b$ より，$a-12<b-12$ となり，
$(a-12, b-12)=(1, 144), (2, 72), (3, 48),$
$\qquad\qquad\qquad (4, 36), (6, 24), (8, 18),$
$\qquad\qquad\qquad (9, 16)$

これらの組を満たす a, b はどれも自然数なので，そのまま題意を満たし，**7組**となります．

➡注　確認してみます．
$$\frac{1}{12}=\frac{1}{13}+\frac{1}{156}=\frac{1}{14}+\frac{1}{84}=\frac{1}{15}+\frac{1}{60}=\frac{1}{16}+\frac{1}{48}$$
$$=\frac{1}{18}+\frac{1}{36}=\frac{1}{20}+\frac{1}{30}=\frac{1}{21}+\frac{1}{28}$$

さて，この手法は分子が1の場合のみ通用するのでしょうか．ということで，分子2のときを調べてみましょう．$\frac{2}{k}=\frac{1}{a}+\frac{1}{b}$ と置いて考えます．

同じように等式変形すると，
$$2ab-ak-bk=0$$
$$4ab-2ak-2bk=0$$
$$2a(2b-k)-k(2b-k)=k^2$$
$$(2a-k)(2b-k)=k^2$$
となります．もし $k=3$ ならば，
$$(2a-3)(2b-3)=9$$
となって，$a=2$, $b=6$ という先ほどの問題での例がそのまま出てきます．

これをさらに発展させましょう．分子を n としてみます．$\frac{n}{k}=\frac{1}{a}+\frac{1}{b}$ より，
$$(na-k)(nb-k)=k^2$$
と完結します．

この式を使えば，どのような分数でも2つの単位分数の和として表すことができそうですが，実際はそう簡単ではありません（☞注）．

➡注 もし $n=3$, $k=7$ ならば，
$$(3a-7)(3b-7)=49$$ となり，
$$(3a-7, 3b-7)=(1, 49)$$
を計算しようとすると，a も b も自然数とならず成り立たない．つまり $\frac{3}{7}$ は2つの単位分数の和として表すことはできないことになる．

他には次のような方法もあります．
$$\frac{1}{n}-\frac{1}{n+1}=\frac{1}{n(n+1)}$$
より，$\frac{1}{n}=\frac{1}{n+1}+\frac{1}{n(n+1)}$ （…※）

これに数値を代入していくことで，2つの単位分数の和を生み出せるのです．

さてここで，※の両辺を2倍することにします．
$$\frac{2}{n}=\underbrace{\frac{2}{n+1}}_{ア}+\underbrace{\frac{2}{n(n+1)}}_{イ}$$

n に奇数を入れてゆけばアもイも分子が1で単位分数となります．

実際，$n=3$ 　$\frac{2}{3}=\frac{2}{4}+\frac{2}{12}=\frac{1}{2}+\frac{1}{6}$

$n=5$ 　$\frac{2}{5}=\frac{2}{6}+\frac{2}{30}=\frac{1}{3}+\frac{1}{15}$

　　　　⋮

こうした方法も知られています．

ここで，面白い性質を紹介します．
仮に分母を5以下とし，その既約分数を小さい順に並べてみます．
$$\frac{1}{5}, \frac{1}{4}, \frac{1}{3}, \frac{2}{5}, \frac{1}{2}, \frac{3}{5}, \frac{2}{3}, \frac{3}{4}, \frac{4}{5}$$
こうして隣り合う2数の差を取っていくと…

$\frac{1}{4}-\frac{1}{5}=\frac{1}{20}$, 　$\frac{1}{3}-\frac{1}{4}=\frac{1}{12}$, 　$\frac{2}{5}-\frac{1}{3}=\frac{1}{15}$,

$\frac{1}{2}-\frac{2}{5}=\frac{1}{10}$, 　$\frac{3}{5}-\frac{1}{2}=\frac{1}{10}$, 　$\frac{2}{3}-\frac{3}{5}=\frac{1}{15}$,

$\frac{3}{4}-\frac{2}{3}=\frac{1}{12}$, 　$\frac{4}{5}-\frac{3}{4}=\frac{1}{20}$

このように，単位分数が苦もなく機械的に製造され続けていきます．これは Farey 数列と呼ばれるそうです．

➡注 必ずしも隣り合っていなくても完成することがあります．実際に，$\frac{1}{3}$ と $\frac{1}{2}$，$\frac{1}{2}$ と $\frac{2}{3}$ の差などがその例です．
また分母はいくつでも成り立ちます．

それでは最後に，単位分数で少しだけ遊んでみます．

問題 2. 1を異なる単位分数の和で表せ．

'異なる' とあるので，$1=\frac{1}{2}+\frac{1}{2}$ などはこれに該当しません．またよく知られた，
$$1=\frac{1}{2}+\frac{1}{4}+\frac{1}{8}+\frac{1}{16}+\cdots$$
も除外します．

解答例

$1=\frac{1}{3}+\boxed{\frac{2}{3}}$ と置きます．問題1の例にあるように，$\boxed{\frac{2}{3}}=\frac{1}{2}+\frac{1}{6}$ を代入して，

∴ 　$1=\frac{1}{2}+\frac{1}{3}+\frac{1}{6}$

もっと凝ると…．

$1=\frac{1}{5}+\boxed{\frac{4}{5}}$ と置きます．分母5の Farey 数列から，$\boxed{\frac{4}{5}}-\frac{3}{4}=\frac{1}{20}$ を使って，

$1=\frac{1}{5}+\frac{1}{20}+\boxed{\frac{3}{4}}$

さらに，$\boxed{\frac{3}{4}}-\frac{2}{3}=\frac{1}{12}$ を用いて，

$1=\frac{1}{5}+\frac{1}{12}+\frac{1}{20}+\boxed{\frac{2}{3}}$

ここでも，$\boxed{\frac{2}{3}}=\frac{1}{2}+\frac{1}{6}$ を利用することで，

∴ 　$1=\frac{1}{2}+\frac{1}{5}+\frac{1}{6}+\frac{1}{12}+\frac{1}{20}$

一方で，分母7の Farey 数列から
$$1=\frac{1}{2}+\frac{1}{6}+\frac{1}{7}+\frac{1}{12}+\frac{1}{20}+\frac{1}{30}+\frac{1}{42}$$
などもそうです．

入試を勝ち抜く数学ワザ⑥

消えゆく "記数法" の考え

我々が普段，日常で使っているのは「10進法」と言われる数体系で，これはご存じ，0から9の10個の数字ですべての数を表すものです．

実はこれまでの指導要領では，この10進法とは異なる，2進法や3進法，5進法などを中学校で学んだのですが，皆さんの代になり，この分野にまったく触れなくなるのは，たいへんに残念です．

ということで今回は，惜しまれつつも消えていく，"記数法"をテーマに選びました．これまで一度も聞いたことがないし，また習ったこともないという方は，少し難しいかもしれませんが，わかるところまでついてきてくださいね．

まずは私が以前，塾の模試で出題（一部略）したものから．

問題 1. 例えば $101_{(2)}$ とは，2進法で表される数であり，10進法の 101 とは異なる（10進法では，$101_{(10)}$ のような $_{(10)}$ は標記しない）．

いま，a，b を 3 から 10 までの自然数として，a 進法で表される数 $102_{(a)}$ と，b 進法で表される数 $121_{(b)}$ を考える．

$X = 102_{(a)} + 121_{(b)}$ とするとき，次の各問いに答えよ．

（1）$a = 3$，$b = 4$ のとき，X の値を 10 進法で表せ．

（2）$\sqrt{X-2}$ が自然数となるような a，b の組は何組あるか．

この手の問題を解くにあたり大切なことは，"n 進法⇔10進法" の変換を自由自在に行なえるようになることです．

そして（1）では，X は $102_{(3)}$ と $121_{(4)}$ の和ですから，まずは 3 進法や 4 進法を 10 進法にすることから始めます．そこで，10 進法への直し方ですが，そもそも 10 進法の数とは，1 の束，10 の束，10^2 の束，…，という具合にまとめていって，それを位取りする方法でした．したがって，3 進法は 1 の束，3 の束，3^2 の束，3^3 の束，…とまとめていき，4 進法ならば，1，4，4^2，…，としてこれを位取りします．

解法（1） $102_{(3)}$ は，1 の束が 2 つ，3 の束がなくて，3^2 の束が 1 つ，つまり，
$$102_{(3)} = 3^2 \times 1 + 3 \times 0 + 1 \times 2 = 11$$
同様に， $121_{(4)} = 4^2 \times 1 + 4 \times 2 + 1 \times 1 = 25$
ですから，$X = 102_{(3)} + 121_{(4)} = 11 + 25 = \mathbf{36}$

（2） 題意より，X は a 進法の数と b 進法の数との和ですから，まずはこれらを 10 進法の数に直すことから始めます．

そうすると，（1）と同様にして，
$$102_{(a)} = a^2 \times 1 + a \times 0 + 1 \times 2$$
$$= a^2 + 2$$
$$121_{(b)} = b^2 \times 1 + b \times 2 + 1 \times 1$$
$$= b^2 + 2b + 1 = (b+1)^2$$
ですから，$X = a^2 + 2 + (b+1)^2$ と表すことができますね．

そこで，$\sqrt{X-2} = N$（N は自然数）として両辺を平方すると，$X - 2 = N^2$ となります．

これから，$a^2 + 2 + (b+1)^2 - 2 = N^2$
$$a^2 + (b+1)^2 = N^2$$
と表せますね．ここで，$b + 1 = b'$ と置けば，$a^2 + b'^2 = N^2$（…*）となって，これはどこかで見たような形です（そう，三平方の定理）．

そこで，式 * で (a, b', N) の組を探せば，
$(3, 4, 5)$，$(6, 8, 10)$，$(8, 6, 10)$
の **3 組**が該当します．

➡**注** $b \geq 3$ ですから，$b' \geq 4$，よって，$(a, b', N) = (4, 3, 5)$ は不適です．

次の問題を見てください．

問題2．サイコロを4回振り，出た目の数を順に千の位，百の位，十の位，一の位とする4けたの数を作る．
このとき，次の各問に答えよ．
（1） 小さいほうから数えて1000番目の数はいくつか．
（2） 4321は小さいほうから数えて何番目か．

一見，何の面白味もなさそうで，単なるメンドウな計算問題と思った人，君はまだまだ記数法の世界に浸かっていませんね．それならば，特に念入りに解説を読んでください．

解法 サイコロの目を，次の数に対応させます．
⚀→*0*，⚁→*1*，⚂→*2*，⚃→*3*，⚄→*4*，⚅→*5*
そしてこれらからできる数を小さい順に並べれば，*0, 1, 2, 3, 4, 5, 10, 11, …*，となるので，つまり今から6進法を利用して問題を解こう，というわけです．そこで，この数に6進法で順番を与えると，1番目が*0*，2番目が*1*，…，5番目が*4*，10番目が*5*，11番目が*10*，…，というように，数字と番数が1つずれていることに気をつけてください．

（1） 「10進法の順番」⇒
「6進法の順番→対応する数→サイコロの目」
（2） 「サイコロの目→対応する数
→6進法の順番」⇒「10進法の順番」

上の方針にしたがい，問題を解くと，
（1） 10進法の1000を6進法で表すと，
$$1000 = 6^3 \times 4 + 6^2 \times 3 + 6 \times 4 + 1 \times 4$$
より，*4344*₍₆₎ですから，6進法の4344番目を考えればいいわけです．そしてこれは数*4343*に対応しますから，サイコロの目でいえば**5454**です．
（2） サイコロの目の4321に対応する数は*3210*で，これは6進法の3211番目にあたります．そこで，3211₍₆₎は，10進法では，
$$6^3 \times 3 + 6^2 \times 2 + 6 \times 1 + 1 \times 1 = 727$$
ですから，**727番目**となります．

記数法という見方をすることにより，この問題の新たな側面を発見できたことでしょう．

そして最後は，挑戦問題です．入試とはちょっと離れたパズルのつもりで，記数法にどっぷりと浸った人は考えてみてくださいね．

挑戦問題．ある薬屋では，1g単位で量り売りをしている．そこの店主は，天秤を使って，31gまでのすべての重さを，たった5種類の分銅(各1個)を使い分けて量ることができる(分銅はすべて同じ皿にのせる)．
このとき，この5種類の分銅の重さをすべて答えよ．

解答 16g，8g，4g，2g，1g
(理由) まず，31を2進法で表すと11111₍₂₎となります．

そして今度は答えとなる5種類の分銅を，それぞれ2進法で表してみます．順に10000₍₂₎，1000₍₂₎，100₍₂₎，10₍₂₎，1₍₂₎です．

もう見えてきましたね．そう，11111₍₂₎以下のどのような数でも，上の5種類の組み合わせから作れるのは，明らかです．
（例） 101₍₂₎ = 100₍₂₎ + 1₍₂₎
　　　　　　（5g = 4g + 1g）
　　　1101₍₂₎ = 1000₍₂₎ + 100₍₂₎ + 1₍₂₎
　　　　　　（13g = 8g + 4g + 1g）

➡**注** 分銅を，2つの皿のいずれにのせてもよいとすると，27g，9g，3g，1gの4種類の分銅で，1g～40gのすべての重さを量ることができます．
（興味のある人は，考えてみよう！）

この問題，2進法という特殊な道具を手に入れることによって，誰にとっても自明な解説を得ることができました．

いかがでしたか．記数法，面白かったでしょう．今後はこれらのような解き方，発想が中学生から出てこなくなるかと思うと，本当に名残惜しい限りです．いつの日か復活の日まで…．

入試を勝ち抜く数学ワザ⑦
レプユニット数を知っていますか？

$\frac{10^n-1}{9}$ で表せる自然数をレプユニット数（repunit）といいます．これは repeated と unit という2つの単語を合成し，Beiler という数学者が 1966 年の著書でこう名付けたそうです．

いったいどういう数でしょう．上の式の n へ1から順に自然数を入れていくと，

$\qquad$ 1, 11, 111, 1111, 11111, …

このように各位にきれいに1ばかりが並びます．美しい数ですよね．repeated は繰り返しを，unit は1単位を意味する単語ですから，repunit という命名もすっきり合点がいきます．

今回はこの数の素性を明かすと共に，目を見張るような美しい性質を紹介していきたいと思います．

今回便宜上，桁数を次のように記します．R_n という記号です．'1' が2桁揃う 11 は R_2，6桁揃う 111111 ならば R_6 と表します．

さて，次をご覧ください．

$R_4 = 11\,11 = 11 \times 100 + 11 = R_2 \times 101$
$R_6 = 11\,11\,11 = 11 \times 10000 + 11 \times 100 + 11$
$\quad = R_2 \times 10101$

これらの数は '11' を巡回の周期にしていると見て取ります．そこで R_2 系列と命名します．

さらに，

$R_6 = 111\,111 = 111 \times 1000 + 111 = R_3 \times 1001$
$R_9 = 111\,111\,111$
$\quad = 111 \times 1000000 + 111 \times 1000 + 111$
$\quad = R_3 \times 1001001$

これらは '111' を巡回の周期としているので，R_3 系列です．

すると例えば R_6 ならば，

$R_6 = R_2 \times 10101 = R_3 \times 1001$

このように R_2 系列と R_3 系列のどちらにも属していると言えます．それが R_{12} ならば，

$R_{12} = R_2 \times 10101010101 = R_3 \times 1001001001$
$\quad = R_4 \times 100010001 = R_6 \times 1000001$

となり，R_2, R_3, R_4, R_6 系列です．

与えられたレプユニット数がどの巡回系列に属するかは，R_n の桁数を表す n の約数を書き出せばよいのです．

逆を言えば，R_2 系列にも R_3 系列にも属するのは，2と3の最小公倍数（…※）から，R_6 系列がこれを満たすのです．

このことは素因数分解により，なおのこと鮮明になります．素因数に注目します．

$R_2 = 11$
$R_3 = 3 \times 37$
$R_4 = 11 \times 101$（R_2 系列）
$R_5 = 41 \times 271$
$R_6 = 3 \times 7 \times 11 \times 13 \times 37$（$R_2$, R_3 系列）
$R_7 = 239 \times 4649$
$R_8 = 11 \times 73 \times 101 \times 137$（$R_2$, R_4 系列）
$R_9 = 3 \times 3 \times 37 \times 333667$（$R_3$ 系列）
$R_{10} = 11 \times 41 \times 271 \times 9091$（$R_2$, R_5 系列）
$R_{11} = 21649 \times 513239$
$R_{12} = 3 \times 7 \times 11 \times 13 \times 37 \times 101 \times 9901$
$\qquad\qquad$（R_2, R_3, R_4, R_6 系列）
$R_{13} = 53 \times 79 \times 265371653$
$\qquad\vdots$

そこでまずは中学入試の問題をやってみましょう．14年の奈良学園中のものです．

問題 1. 次の ア ～ セ にあてはまる数を答えよ．

どの位の数字もすべて1である整数について，1が n 個並んでいる整数を $\langle n \rangle$ と表すことにする．例えば，1は $\langle 1 \rangle$，11

は〈2〉，111 は〈3〉と表せる．

このような 1 の並んだ整数の中で，11 で割り切れる数を小さい方から 3 個書き出すと〈2〉，〈ア〉，〈イ〉で，それらを 11 で割ったときの商はそれぞれ 1，ウ，エ である．

また，1 の並んだ整数の中で，3 で割り切れる数を小さい方から 3 個書き出すと〈3〉，〈オ〉，〈カ〉で，それらを 3 で割ったときの商はそれぞれ 37，キ，ク である．次に，1 の並んだ整数の中で，9 で割り切れる数を小さい方から 2 個書き出すと〈ケ〉，〈コ〉である．さらに，1 の並んだ整数の中で，7 で割り切れる最も小さな数は〈サ〉で，7 で割ったときの商は シ である．

以上のことから，1 の並んだ整数の中で，63 で割り切れる最も小さな数は〈ス〉であり，303 で割り切れる最も小さな数は〈セ〉であることがわかる．

各設問において，どの R_n 系列を指しているのかを突き止めるのが解決策です．そのヒントは素因数が握っています．

解法 11 で割り切れる数は R_2 系列です．小さい方から書き出すと，〈2〉，〈4〉，〈6〉で，
〈4〉＝11×**101**，〈6〉＝11×**10101**

3 で割り切れる数は R_3 系列で，小さい方から書き出すと，〈3〉，〈6〉，〈9〉で，
〈6〉＝3×**37037**，〈9〉＝3×**37037037**

9 で割り切れる数は R_9 系列で，小さい方から書き出すと，〈9〉，〈18〉です．

7 で割り切れる数は R_6 系列で，最も小さな数は〈6〉で，〈6〉＝7×**15873**

さてここからは一工夫です．因数の組み合わせを考えます．

題意より，11…1＝3×3×7×…という形をしています．因数に 3 を 2 つ持つ最小は R_9 系列，因数 7 は R_6 系列です．※より 6 と 9 の最小公倍数は R_{18} で，最も小さいのは〈18〉です

（☞注）．

303（＝3×101）は，因数 3，101 から R_3，R_4 系列です．よって※より 3，4 の最小公倍数である R_{12} 系列で，最も小さいのは〈12〉です．

➡ **注** 素因数のみを考えれば 3 と 7 しか出てこないのですが（R_3，R_6 系列），同じ素因数が重なる 3^2（＝R_9 系列）には注意を払わなければなりません．

続いては高校入試で，05 年筑波大附属駒場です．筑駒はレプユニット数を"1 連数"と呼び，親しみを与えています．

問題 2.（1） 3 にどのような自然数をかければ，**1 連数**になるか．かける数として考えられるもののうち，最も小さい数とその次の数を求めよ．
（2） 33 に適当な自然数をかけて **1 連数**をつくった．それらの **1 連数**のうち，最も小さいものを求めよ．
（3） 6363 に適当な自然数をかけて **1 連数**をつくった．それらの **1 連数**のうち，最も小さいものは何けたの数であるか．

解法 （1） 因数 3 を持つのは R_3 系列に限ります．よって求めるのは，
111＝3×**37**，111111＝3×**37037**

（2） 33＝3×11．因数 3，11 から R_3，R_2 系列です．よって※より 2 と 3 の最小公倍数である R_6 系列で，**111111**

（3） 6363＝3^2×7×101．注意するのは 3^2 の R_9 系列です．因数 7，9，101 は，R_6，R_9，R_4 系列で，※より 4，6，9 の最小公倍数 R_{36} 系列です．ゆえに 1 が 36 個並び，**36 けた**です．

最後にもう 1 題．

問題 3. 1 けたの自然数 n について，
$$\frac{1}{9}\left(1-\frac{1}{10^n}\right)=\frac{nk}{10^n}$$
を満たす自然数 k が存在する．
このような n を答えよ．

解答 $n=1, 3, 9$

入試を勝ち抜く数学ワザ⑧

$[x]$の使いこなし

今回は，特殊な記号"$[x]$"を紹介しましょう．これは，**ガウス記号**とよばれるもので，探すと案外多く出題されているんですね．びっくりです．まあ，みていてください．

ガウス記号$[x]$は，"xを超えない整数の中で，最大のものを表す"ときに用います．例えば，$[2.1]$ならば，これを超えない整数の中で，最大のものは2ですから，$[2.1]=\mathbf{2}$と書けます（よく考えてみると，小学校で習った'小数点以下切り捨て'と原理は同じですね）．ですがこれが，$[-3.5]$となると，ちょっと難しくなります．'こんなの簡単，$[-3.5]=-3$だろう'と安直にしてはいけません．正しくは，$[-3.5]=\mathbf{-4}$になります．なぜかというと，$-4<-3.5<-3$ですから，-3は-3.5を超えてしまっていますね．ここは，注意が必要です．

ここまで読んでみて，'こんな問題やったことないよ'と少々つまらなそうな顔をしている君，では，これならばどうでしょうか．

「$\sqrt{7}$の整数部分を求めよ．」

そう，答えは$2<\sqrt{7}<3$より$\mathbf{2}$ですね．
もうおわかりですね．これと

「$[\sqrt{7}]$の値を求めよ．」

という事柄は，実は同じなんですよ．

ほら，だんだん面白くなってきたでしょう．
では，もうちょっと踏み込んで，グラフにすることを，考えてみたいと思います．

そこで，$y=[x]$としてみましょう．

$x=0$のとき，$y=[0]=0$ですね．そして，$x=1$のときは，$y=[1]=1$です．

では，この間はいったいどうなるのでしょうか．それは，先ほど"小数点以下切り捨て"といったように，$0 \leqq x<1$のときは，yは常に0といえます．

この調子で，
$1 \leqq x<2$のとき
$y=1$．
xが負のとき，
$-1 \leqq x<0$は
$y=-1$だから，
以下同様で，
グラフは右のようになります．

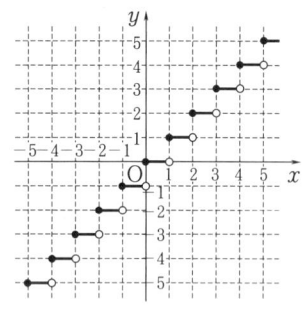

これで，$y=[x]$のグラフは分かりましたね．

それでは，いよいよ実践です．次の問題をやってみましょう．

問題 1. 次のグラフをかけ．
（1） $y=2[x]$　（2） $y=\left[\dfrac{1}{2}x\right]$

解法（1） $0 \leqq x<1$のとき，$[x]=0$だから，$y=2\times[x]=2\times 0=0$．
さらに，$1 \leqq x<2$のとき，$[x]=1$だから，$y=2$．

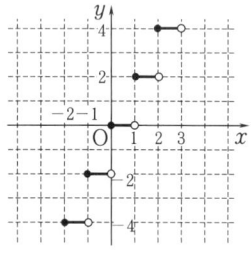

$2 \leqq x<3$のとき，$[x]=2$だから，$y=4$．

これを，同様に続けて（xが負のときも）いけば，グラフは上のようになります．

（2） $0 \leqq x<1$のとき，$y=\left[\dfrac{1}{2}x\right]=0$，

$1 \leqq x<2$のとき，$y=\left[\dfrac{1}{2}x\right]=0$，

$2 \leqq x<3$のとき，$y=\left[\dfrac{1}{2}x\right]=1$，

………

以上より，
$0 \leqq x < 2$ のとき $y=0$，
$2 \leqq x < 4$ のとき $y=1$，
$4 \leqq x < 6$ のとき $y=2$，………

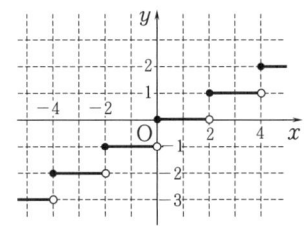

よって，グラフは上のようになります．

以上から，グラフは"$y=[x]$ が基本"というのがわかったでしょう．

ところで，問題1とは逆に，グラフから式を考えてみます．（1）は，y の値を1/2にすると，$y=[x]$ のグラフと同一になりますから，$y \times \frac{1}{2} = [x]$ とします．これから $y=2[x]$ が得られますね．また（2）は，x の値を1/2にすると，$y=[x]$ のグラフと同一になりますから，$y=\left[\frac{1}{2}x\right]$ と考えられますね．

ここまでの話，どうでしたか．理解できたならば，次の問題に挑戦してみましょう．00年の慶応志木です．これは，難問ですよ．

問題 2. 数 x に対して，$[x]$ は x を超えない最大の整数を表す．$x>0$ として，次の値を記号[ ]を使って表せ．
（1） x を超えない7の倍数の最大値（0も7の倍数である．）
（2） x の小数第1位を四捨五入した値
（3） x の小数第3位を四捨五入した値

求める値を y として，まずグラフを描くことからはじめてみましょう．

解法 （1） わかりやすく表現すると，y は'x を超えない整数'であって，さらにそれは'7の倍数'で，それも'最大の数'なのです．これをもとに，少し調べてみましょう．

$x=0$ のとき $y=0$，$x=1$ のとき $y=0$，…，
$x=6$ のとき $y=0$，$x=7$ のとき $y=7$，
$x=8$ のとき $y=7$，………

これをまとめると，以下のようになります．
$0 \leqq x < 7$ のとき $y=0$，
$7 \leqq x < 14$ のとき $y=7$，
$14 \leqq x < 21$ のとき $y=14$，
………

そして，そのグラフは右です．

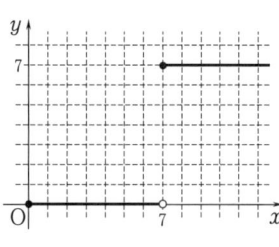

この y の値を1/7に，さらに x の値も1/7すると，$y=[x]$ のグラフと同一なので，

$y \times \frac{1}{7} = \left[\frac{1}{7}x\right]$ とできます． $\therefore$ $\boldsymbol{7\left[\dfrac{1}{7}x\right]}$

（2） y は'x の小数第1位を四捨五入した数'だから，
$0 \leqq x < 0.5$ のとき $y=0$，
$0.5 \leqq x < 1.5$ のとき $y=1$，
$1.5 \leqq x < 2.5$ のとき $y=2$，………

グラフにすると，上のようになり，これを右（x 軸正の方向）へ1/2ずらすと，$y=[x]$ のグラフと同一なので，$\boldsymbol{\left[x+\dfrac{1}{2}\right]}$

（3） y は'x の小数第3位を四捨五入した数'だから，
$0 \leqq x < 0.005$ のとき $y=0$，
$0.005 \leqq x < 0.015$ のとき $y=0.01$，
$0.015 \leqq x < 0.025$ のとき $y=0.02$，………

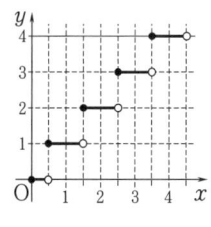

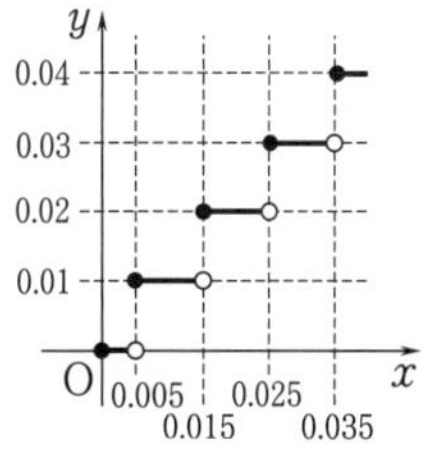

グラフにすると，上のようになり，y を100倍し，x も100倍すると，（2）のグラフと同一で，これを（2）同様，右へ1/2ずらせばよい．

$y \times 100 = \left[100x + \dfrac{1}{2}\right]$ $\therefore$ $\boldsymbol{\dfrac{1}{100}\left[100x + \dfrac{1}{2}\right]}$

入試を勝ち抜く数学ワザ⑨

牛丼復活の日を願う

今回はまず，98年の慶応女子の「空き缶リサイクル問題」（一部略）をやってみましょう．

問題 1. ジュースの空き缶7本を持っていくと，中味の入った缶ジュース1本に交換してくれる店がある．この店にジュースの空き缶を何本か持っていって，缶ジュースに交換することを考える．

ただし，中味の入った缶ジュースは必ず飲んで空き缶とし，空き缶は缶ジュースに交換できなくなるまで交換するものとする．
（1） 最初にジュースの空き缶が370本あるとき，飲めるジュースの本数を求めよ．
（2） ジュースがちょうど43本飲めるためには，最初にジュースの空き缶が何本あればよいか．

解法．'交換しては飲む'ことを次々と繰り返せば，より明確になりますよ．つまり，

① 最初は，空き缶7本（①〜⑦）で1本（①）飲める．

② 次に，飲んだ1本（①）も空き缶となるので，さらに6本（⑧〜⑬）の空き缶により，次の1本（②）が飲める．

③ 同様にその1本（②）も空き缶となるから，さらに空き缶を6本（⑭〜⑲）集めれば，次の1本（③）が飲める．

・最初の列だけは空き缶が7本
・2列目からは空き缶は6本

これを続けていったものを，7本ずつの縦の組にしたのが次の図です．
（1） 点線内には，370−7＝363（本）の空き缶があって，363÷6＝60 余り 3 より，6本の組が60組と余り3本です．そうすると，飲めるジュースの本数は **61本** ということですね．

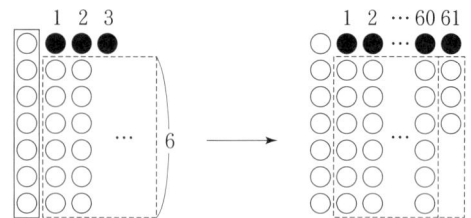

（2） （1）とは逆を問われていますが，こちらもさきほどの図を使って一刀両断です．

"最低"という条件から，図のようになればよくて，空き缶は，
$42 \times 6 + 7 = $ **259（本）**
あればいいのです．

➡注 ところで，xを越えない最大の整数を「$\lfloor x \rfloor$」（いわゆるガウス記号）と表わせば，空き缶の総本数をxとして，サービス分は $\lfloor \dfrac{x-1}{6} \rfloor$ と書くことができて，これから解いてみると，

（1） $\lfloor \dfrac{370-1}{6} \rfloor = $ **61**，（2） $\lfloor \dfrac{x-1}{6} \rfloor = 43$ から，

$43 \leq \dfrac{x-1}{6} < 44$ となって，$259 \leq x < 265$

続いては，私が以前塾の模試で出題した，「牛丼キャンペーン問題」をやってみましょう．

問題 2. ある牛丼チェーン店では，牛丼を1杯食べるごとにサービス券1枚をつけて渡し，これを3枚集めると牛丼1杯と交換できる，というサービスをしている．

この券が3枚集まったならば必ず牛丼と交換し食べるものとし，次の各問いに答えよ．ただし，牛丼1杯の値段は税込み280円とする．
（1） 100杯食べるには代金はいくら必要か．

（2）ところが，ある店舗では勘違いをして，サービス券3枚と交換に渡した牛丼にも，サービス券を1枚つけていた．
① 100杯食べたときの代金は，（1）と比べていくら安くなるか．
② A君は，このサービスが今月中で終了し，翌月からは税込み1杯250円に値下げすることを知った．
　A君がこの後続けて x 個食べるとき，それを今月中に食べるのと，翌月に食べるのとを比較して，その差額が1000円を超える場合を考える．このような x のうち，考えられる最小の値はいくつか．ただしA君は，2枚以下のサービス券を持っている可能性があるものとする．

'3杯食べて1杯もらう'ことを繰り返します．
解法．（1） 食べ終えた丼に順に番号を振ります（丸数字は食べ終えた後のサービス券の枚数）．そして，サービス分を「ネギダク丼」と命名すると，これらにはすべて4の倍数が振られていますね．そこで4杯ずつの組を作れば，そこには1杯の「ネギダク丼」が含まれます．

では，100杯中に「ネギダク丼」がどれだけ含まれるかは，100÷4＝25（組）と過不足なくできるので25杯がそれですね．したがって，支払う金額は，280×（100−25）＝**21000（円）** となります．

さて（2）ですが，これは1～3で得たサービス券で4を食べて，4～6で得た分で7，…，と続けると，次のようになります．

① すると今度は'3の倍数の次'が「ネギダク丼」になっていますね．そこで，3杯ずつの組を作れば，問題1と類似の図ができあがります．

100−3＝97
97÷3＝32 余り1
なので，その中には32杯の「ネギダク丼」が含まれています．また，組の最後は99杯目ですから，この次の1杯（100杯目）も「ネギダク丼」で，結局「ネギダク丼」は33杯ということになります．

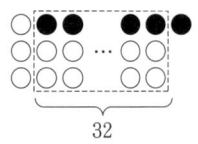

よって，（1）では25杯，（2）は33杯のサービスがありますから，その差額は，
280×（33−25）＝**2240（円）** です．
➡**注** 食べた数を x とすると，支払った金額は，
（1）では $280 \times \left(x - \left\lfloor \dfrac{x}{4} \right\rfloor \right)$,
（2）は $280 \times \left(x - \left\lfloor \dfrac{x-1}{3} \right\rfloor \right)$ と表せます．

② 1杯の差額はたった30円でしかありませんから，とても'1杯分のサービス'にはかないませんね．ですからやはり"サービス期間中に食べたほうが得"ということになります．

そこで，最小の x ということであれば，なるべく早くにサービスを受けたいわけで，それならば，券が手元に2枚あることを想定して考察を進めます（右側がそれです）．

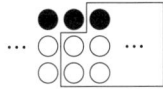 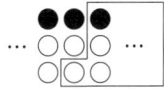

しかも，●でやめるのが得なので，$x=2$, 5, 8, 11, …と調べて行くと，$x=17$ のとき，初めて差額が1000円を超えることが分かります．
➡**注** 今月中に x 杯食べたときの支払い金額は，
$$280 \times \left(x - \left\lfloor \dfrac{x+1}{3} \right\rfloor \right) \cdots \cdots \cdots ①$$
翌月ならば，$250x \cdots ②$ です．よって，
$$250x - 280 \times \left(x - \left\lfloor \dfrac{x+1}{3} \right\rfloor \right) > 1000$$
と立式できて，これから，
$$\dfrac{x+1}{3} \left(\geqq \left\lfloor \dfrac{x+1}{3} \right\rfloor \right) > \dfrac{3x+100}{28}$$
〰〰より，$x > 14.3 \cdots$　ここから順に，$x=15$, 16, …，と調べて行っても，$x=17$ が見つかります．
（$x=17$ のとき，①＝3080，②＝4250）

入試を勝ち抜く数学ワザ⑩

"ビッグな不定方程式"を操る

今回は『不定方程式』をテーマに選びました．その中でも"大きな係数を持つ"ものの扱いについてお話したいと思います．

その前にまず，『不定方程式』とはどんなものか，皆さん知っていますか？

$$3x+2y=24$$

の解 x, y の組のように，これがただ一つに定まらない方程式をいいます．もし x, y を自然数と限定したにしても，

$$(x, y)=(2, 9), (4, 6), (6, 3)$$

とこれだけあって，それも'数値を当てはめて'捜していくことになるでしょう．

➡注 $3x=24-2y$, $x=8-\dfrac{2}{3}y$ と変形すると，当てはまる y は3の倍数とわかります．あるいは $y=12-\dfrac{3}{2}x$ と変形し，x を2の倍数と定めてもかまいません．

また，解は，次のような法則になっています．

(x, y)
$=(2, 9)$,
$+2\begin{cases}(4, 6),\\(6, 3),\\\cdots\end{cases}-3$

これなら解を1つ見つけ，x と y の係数に注目すれば，後は次々自動的に出てきますよね．

ところが上の例ならまだマシな方で，未知数の係数がもっともっと大きくなると，とたんに見つけるのが厄介になりますよ．それでもやみくもに代入しようとあがいても，そう簡単にはお目当ての解まで行き着かないのです．そこで「何かいい方法はないかなー」と思案したところ，効率がいいような形に式を変形してから代入することを思いつきました．

それではさっそく，実際の入試問題に触れてみましょう．94年の灘の問題を読んでください．

問題 1．3つの正の整数 a, b, c が次の等式および不等式を同時に満たしている．

$17a+28b=1994$ ……………①
$2b<a$ ……………………………②
$a<c<2a$ ………………………③

このとき，$a+b+c$ がとることができる最も大きな値と最も小さな値を求めよ．

いきなりの①式に，圧倒されたのではないでしょうか．これの a に1から順に代入して確かめていくのは，気が遠くなりそうです．そこで'効率のいい形に式を変形'するのです．

未知数は2つあって，係数はそれぞれ17と28ですが，今回は17に注目することにします．

解法 (与式①=)$17a+\underline{34b}-6b=\underline{1989}+5$

どうですか．上の変形の意図は気づきますか？

それぞれの項から，17の倍数を抽出しました(強引に17の倍数にしたというか…)．それには目立つように下線を引いています．

こうしてから左辺へ集めると，

$$\underline{17a+34b-1989}=6b+5$$
$$17(a+2b-117)=6b+5 \cdots\cdots(*1)$$

ここでの最大のポイントは

"等式 $(*1)$ の右辺も17の倍数になる …(☆)"

ことです．わざわざ17の倍数だけをまとめた意図は，もちろんここにあるのですよ．

式①をこう変形することで，b に代入する値のアタリをつけることができます．

b は正の整数ですから，右辺に順に当てはめていって，$6b+5$ が17の倍数になるかを試せばいいのです．

こうすることで，$\underline{b=2 \text{ がすぐに見つかりま}}$
$\underline{\text{す}}$から，あとは簡単．17を順に加えていけば(☞注)，$b=2$, 19, 36, …，と溢れるように飛び出してきます．このことから①を満たす正の整数の組は，

$(a, b)=(114, 2), (86, 19), (58, 36), \cdots$,

とわかります．

②を満足させるのは最初の二つがそうで，さらに③より c の範囲は以下のようになります．

$a=114$, $b=2$, $114<c<228$

$a=86$, $b=19$, $86<c<172$

以上より，最も大きい値は
$(a, b, c)=(114, 2, 227)$で，$a+b+c=\mathbf{343}$
最も小さい値は
$(a, b, c)=(86, 19, 87)$で，$a+b+c=\mathbf{192}$
とたたみかけるように解答まで行き着きます．

➡注 *1の右辺をさらに変形することも可能です．$6b+5$ は17の倍数なので，$6b+5=17k$ とします．そこから，$6b+6-1=12k+5k$，$6b+6-12k=5k+1$，$6(b+1-2k)=5k+1$ として，$5k+1$ が6の倍数となるような k の値は，$k=1, 7, 13, \cdots$．

いかがでしたか．(☆)は係数が大きなことを逆手に取った式変形の妙といえます．

続いて，06年の筑波大付属駒場の問題(一部略)をやってみましょう．

問題2. 3種類の菓子A，B，Cがあり，1個の値段はそれぞれ140円，117円，94円である．これらの菓子を合わせて n 個買ったところ，代金はちょうど3000円になった．菓子Aを a 個，菓子Bを b 個買ったとして，次の各問いに答えよ．
（1） n, a, b の関係を等式で表せ．
（2） n の値を求めよ．

下手に菓子Cの個数を c と置くなどとはしないほうが無難です．

解法 （1） 菓子Cの個数は，$n-a-b$（個）と表すことができますから，金額についての式は，$140a+117b+94(n-a-b)=3000$
これを整理して，$\mathbf{46a+23b+94n=3000}$
（2） 46も23の倍数なので，今回はそれでいきます．
$$\underline{46a+23b+92n}+2n=\underline{2990}+10$$
$$\underline{46a+23b+92n-2990}=10-2n$$
$$23(130-2a-b-4n)=2n-10 \quad \cdots(*2)$$

問題1の(☆)と同様，等式($*2$)の右辺も23の倍数になるはずで，n は自然数ですから，
$$2n-10=0, 23, 46, \cdots$$
これより，$n=5, 28, 51, \cdots$，が候補です．

ここからは解の吟味です．

すべて140円で買ったときの菓子の個数 n が最小で，逆に94円のときが n が最大なので，
$$\frac{3000}{140}\left(21\frac{3}{7}\right) \leq n \leq \frac{3000}{94}\left(31\frac{43}{47}\right)$$
より，ただ一つ，$\mathbf{n=28}$

最後は次の練習問題をやってみましょう．

練習問題 $35x+32y=2015 (\cdots *3)$
を満たす自然数 x, y をすべて求めよ．

解法 35に着目し，まとめます．
$$35x+35y-3y=35\times 57+20$$
$$35(x+y-57)=3y+20$$
ここで，$3y+20$ が35の倍数となる最小の y は $y=5$．このとき，$x=53$

$$(x, y) = \begin{array}{l} {}^{+32}(-11, 75)^{-35} \times \\ {}^{+32}(21, 40)^{-35} \bigcirc \\ {}^{+32}(53, 5)^{-35} \bigcirc \\ {}^{+32}(85, -30)^{-35} \times \end{array}$$

よって，$(\mathbf{x, y})=(\mathbf{21, 40}), (\mathbf{53, 5})$

[別解] $x=53, y=5$ のとき，$*3$ は成り立つので，
$$35\times 53+32\times 5=2015 \quad \cdots\cdots *4$$
ここで，$(*3)-(*4)$ をすれば
$$\begin{array}{r} 35x \quad\quad +32y \quad\quad =2015 \\ -)\ 35\times 53 \quad +32\times 5 \quad =2015 \\ \hline 35\times(x-53)+32\times(y-5)=0 \end{array}$$
$$32(y-5)=35(53-x) \quad \cdots\cdots *5$$
つまり $y-5$ は35の倍数となるので，
$$y-5=35k \text{（k は整数）} \quad \cdots\cdots *6$$
とおくと，$y=35k+5$ となる．
また，$*6$ のとき，$*5$ は，
$$53-x=32k$$
$$x=53-32k$$
したがって，$(x, y)=(53-32k, 35k+5)$ として，k へ整数を代入していき，求めることができる．

入試を勝ち抜く数学ワザ⑪ 食塩水を"てんびん算"で解こう

食塩水の問題を苦手とする人の多くは,
① 文章のみでは内容が把握しにくい
② 計算が複雑になりやすく面倒
これらでつまずいているようです．そこでこれを克服するために，"**てんびん算**"と呼ばれるやり方を紹介します．

"てんびん"は，「方程式を立てる」ことや「方程式を解く」ことの代用となりますから，マスターしておくと本当に便利ですよ．

それではこれを，ごくごく一般的な問題で試してみましょう．

問題 1． 4%の食塩水 200g と，x%の食塩水 100g を混ぜたら，6%の食塩水になった．x の値を求めよ．

まず考え方ですが，"てんびん"の「**目盛り4と目盛りxの場所に，それぞれ200gと100gのおもりを吊り下げたら，目盛り6の所で釣り合った**」と解釈し，これを右図のように書くことにします．

解法．'てこの原理'より，$a:b$
$=100:200(=1:2)$
です．図より $a=2$ で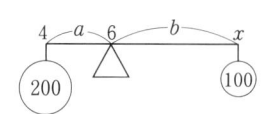
すから，$b=4$ となって，$x=6+4=$ **10**（%）です．

  ➡ **注** てこの原理
  右図で，$ax=by$ が成り立ち，$a:b=y:x$ がいえます．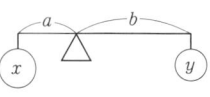

続いては，3種類の食塩水が絡むもの．

問題 2． 5%の食塩水 300g と 10%の食塩水 50g を混ぜた食塩水がある．この食塩水に何gの水を加えると，4%の食塩水になるか．

慌てずに順々に混ぜていきます．下のように，まずは5%と10%の"てんびん"を描き，次にそれと0%（水）を混ぜる"てんびん"をその下に描きます．このとき，**上下の"てんびん"の目盛り（濃度）を揃えておくこと**が大切です．

解法． 上の"てんびん"で
$a:b=1:6$ より，
Aの目盛りは
40/7 です．これ
から下の"てんびん"の c は $\dfrac{12}{7}$ と分かるので，$x:350=\dfrac{12}{7}:4$
が成り立ち，$x=$ **150**（g）

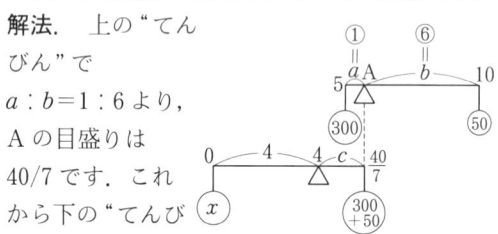

  ➡ **注** 右のように描いて，一気に求めることもできます．
  $4 \times x$
  $= 1 \times 300 + 6 \times 50$ ∴ $x =$ **150**

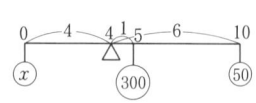

ここまででよく分かったでしょう．2題とも『食塩の量を一切使わない』し，**図示できる**から整理できて『比で解くことができます』よね．

まだまだ続きますよ．今度は，'くみ出して混ぜる'ものを3題やってみます．最初は2000年の郁文館（一部略）です．どうぞ．

問題 3． 2つの食塩水 A，B がある．A は 1kg で濃度 x%，B は 800g で濃度 y% である．
今Aから200gくみ出しBに入れてよくかき混ぜ，再びBから200gくみ出しAに入れたらAの濃度は4%，Bの濃度は8%になった．このとき，x，y の値を求めよ．

右が"てんびん"です（上下，ちゃんと揃えましたか？）．

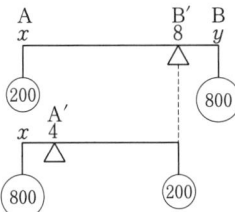

つまりは，「x％200g(A)とy％800g(B)を混ぜると8％(B')で，さらに8％200g(B')とx％800g(A)を混ぜると4％(A')になる」のです．どうですか，題意がより鮮明になったでしょう．

解法．下の"てんびん"から，$x=3$ がわかり，これより上を使って，$y=9.25$

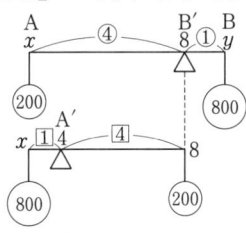

次は，00年青雲（一部略）です．

問題 4．10％の食塩水 100g が入っている容器 A があり，次の 2 回の操作を続けて行った．

1 回目…容器 A から xg の食塩水を取り出し，かわりに xg の水を入れよくかき混ぜた．

2 回目…容器 A から $2x$g の食塩水を取り出し，かわりに $2x$g の水を入れよくかき混ぜた．

2 回目の操作後の食塩水の濃度は 2.8％になった．このとき，x の値を求めよ．

'食塩水と水を2度水と入れかえる'頻出タイプで，文を追っても状況がなかなか飲み込めません．いちいち食塩を求めると，タイヘンな計算になりかねません．

1回目の操作後の濃度を a％とすると，2回目の操作は 0％と a％を混ぜて，濃度 a'％を作ります．したがって，$a'=2.8$ ということですね．

解法．a（～～部）を x を使って表せば，$10\times\dfrac{100-x}{100}$ ですから，a'（──部）は，

$$\underline{\qquad}\times\dfrac{100-2x}{100}$$

と表せます．そしてつまり

$$10\times\dfrac{100-x}{100}\times\dfrac{100-2x}{100}=2.8$$

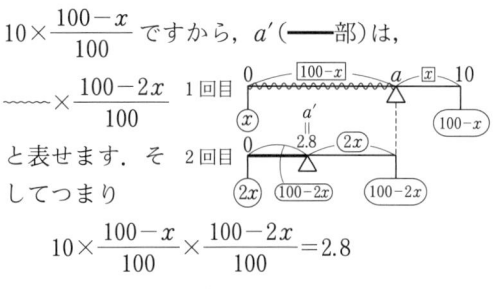

これを整理して，$x^2-150x+3600=0$
∴ $(x-30)(x-120)=0$
$x<50$ ですから，$\boldsymbol{x=30}$ が答えです．

最後は，00年の城北（一部改題）です．

問題 5．容器 A に 10％の食塩水が 300g，容器 B に 4％の食塩水が 600g が入っている．A，B それぞれから xg ずつ取り出し入れ換えたとき，同じ濃度になったという．このとき，x の値を求めよ．

'同量を交換して濃度が等しくなる'という，典型的な**等量交換**です．

そして，上が容器 A，下が B の"てんびん図"です．

解法．図の──部は，

A → $6\times\dfrac{300-x}{300}$

B → $6\times\dfrac{x}{600}$

で，これらは等しいから，

$$6\times\dfrac{300-x}{300}=6\times\dfrac{x}{600}\quad\therefore\ \boldsymbol{x=200}$$

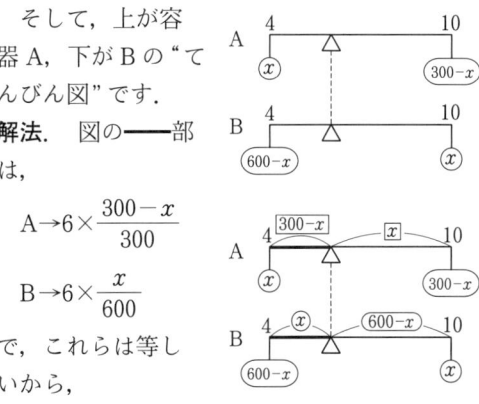

➡**注** 気が付きましたか？ 6％に限らず，常に答えが 200g になることを（だって最後の式で，両辺の 6 はきれいになくなりますから）．つまり，食塩水の濃度は何％でも良かったわけです．

"てんびん算"いかがでした．これまで面倒に思えた食塩水の問題が，より身近になったのではないですか．

25

コラム① 魔方陣を作って遊ぼう

まず最初に，07年の慶応義塾の問題をやってみましょう．

問題1. 1～8の8個の整数を1回ずつ用いて，図1のような中央の1個を除いた8個のマスを，縦横どの一列も合計が12になるように埋める．
(1) 1～8の8個の整数から，3個選んで合計が12となる場合の数は何通りあるか求めよ．
(2) 8を最上段に入れるとき，図2のA, B, Cのどこに入るかを答えよ．ただし，A<Cとする．
(3) 8の位置を(2)のようにして，図3に数字を埋めて完成させよ．

図1　図2　図3

(2)は，(1)から8の入る組を考えます．

解法 (1) 3個の数字の組は，(1, 3, 8), (1, 4, 7), (1, 5, 6), (2, 3, 7), (2, 4, 6), (3, 4, 5)の**6通り**．
(2) 8を含む文字列は(1, 3, 8)の一つです．もし仮に8が隅のCに入るとなると，'縦の列'と'横の列'の両方が8を必要とします．ですから隅のAやCに，8は入りません．よって**B**.
(3) 上段の列は(1, 3, 8)の組で，A<Cより左から順に1, 8, 3と並びます(図4)．8の真下には4が入るので，縦の右の列は，4を含まない(2, 3, 7)の組です．

よって右図のようになります．

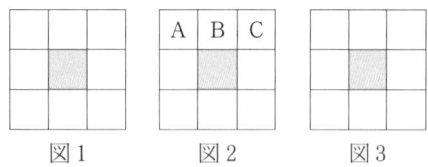

図4

問題1では，斜めの数字の和は縦横と同じにはなりませんが，'縦''横''斜め'の3つの条件を備え，マスの数字が1から揃っている正方形を'**魔方陣**'といいます．

そこで今回は，いくつかの大きさの魔方陣を紹介します．

[3×3方陣]

1～9までの数字で，その和は1+…+9=45です．そうするとつまり，各段や各列，斜めの数字の和は45÷3=15です．そこで，和が15となる3数の組を書き出してみましょう．

(1, 5, 9), (1, 6, 8), (2, 4, 9),
(2, 5, 8), (2, 6, 7), (3, 4, 8),
(3, 5, 7), (4, 5, 6)

この8通りですね．中でも特に注意したい数字は'5'です．唯一，4つに含まれますから，これを中心へ据えましょう．また2, 4, 6, 8はそれぞれ3つずつに含まれるので，四隅に配します．

こうすることによって，図5を得ます．これをひっくり返したり，回転させたものを同じとみなせば，これが唯一の完成形です．

6	1	8
7	5	3
2	9	4

図5

[4×4方陣]

今度は1～16までです．では，私が以前に塾の模試に出題したものを掲載します．

問題2. 次の各問いに答えよ．
(1) A+a, A+b, A+c, A+d,
　　B+a, B+b, B+c, B+d,
　　C+a, C+b, C+c, C+d,

$D+a$, $D+b$, $D+c$, $D+d$
の16個の組は各々1から16までの別々の自然数を表している．このとき，
$$A+B+C+D+a+b+c+d$$
の値を求めよ．

（2）（1）で，$A=0$,
$0<a<b<c<d\leq B<C<D$とするとき，
a, b, c, d, B, C, Dの値をそれぞれ求めよ．

（3）1から16までの数字を用い
「縦のそれぞれの列の数字の和，
横のそれぞれの行の数字の和，
斜めのそれぞれの数字の和」
がすべて等しいような表1を考える．
同じように表2をつくるとき，数字9は①〜⑨のどこに入れればよいか．

表1

1	6	11	16
12	15	2	5
14	9	8	3
7	4	13	10

表2

1	6	11	16
①	②	5	③
8	④	⑤	⑥
⑦	⑧	⑨	7

解法 （1）16個すべてを加えることで，解決します．
$$4(A+B+C+D+a+b+c+d)$$
$$=1+\cdots+16=136$$
$$\therefore A+B+C+D+a+b+c+d=\mathbf{34}$$

（2）最小である1は，題意の大小関係から$A+a$と考えられるので，$a=1$．次に2は$A+b$で$b=2$，$c=3$で$3(=A+c)$，$d=4$で$4(=A+d)$を得ます．
$$\therefore a=1, b=2, c=3, d=4$$
続いて，5は$B+a$で$B=4$．6は$B+b$，7は$B+c$，8は$B+d$です．9は$C+a$より$C=8$, ….
$$\therefore B=4, C=8, D=12$$

（3）（2）を利用することで，表1は右のように書き換えられます．
縦，横，斜めに一つずつ$a\sim d$, $A\sim D$が

$A+a$	$B+b$	$C+c$	$D+d$
$C+d$	$D+c$	$A+b$	$B+a$
$D+b$	$C+a$	$B+d$	$A+c$
$B+c$	$A+d$	$D+a$	$C+b$

入っていることに気づくでしょうか．
そこで表2も同じように書き換えてみます．
ところで$9=C+a$と表すことができるので，Cやaをダブらな

$A+a$	$B+b$	$C+c$	$D+d$
①	②	$B+a$	③
$B+d$	④	⑤	⑥
⑦	⑧	⑨	$B+c$

いように入れるには，④⑥⑧のいずれかになります．ところが④や⑧とすると$C+d$の居場所がなくなるので**⑥**が答えです．

1〜16までの魔方陣は，まだまだたくさん存在します．皆さんも自由に作ってみてください．

［5×5方陣］

次のような作り方があります．1〜5までの数字を，縦，横，斜めで重ならないように配置します．これを2種類作ります（表1と表2）．

表1

1	4	2	5	3
3	2	5	1	4
5	3	4	2	1
4	5	3	2	1
2	1	3	4	5

表2

2	3	4	1	5
1	5	3	4	2
5	4	1	2	3
4	2	5	3	1
3	1	2	5	4

これら二つの表の同じ枠にある数字を並べて，新たに表3を作ります．このときに，同じ数の列にならないように，表2を作るときに工夫しておきましょう．

そして，表4で最も小さい11を1，12を2，…，55を25と順に置き換えていけば，1〜25までの魔方陣が完成します．

表3

12	43	24	51	35
31	25	53	14	42
55	34	41	22	13
44	52	15	33	21
23	11	32	45	54

表4

2	18	9	21	15
11	10	23	4	17
25	14	16	7	3
19	22	5	13	6
8	1	12	20	24

［4×4方陣］の例では，それぞれ4種の大文字と小文字で表した四進法．［5×5方陣］は1〜5という5種類の数からの五進法が元になっています．

入試を勝ち抜く数学ワザ⑫

"等積変形"と仲良くやろう

面積を一定に保ったままに，その形を変えることを"等積変形する"といいます．これが特に多く使われるのは，座標平面上の面積の問題で，文字で置いてゴチャゴチャ計算するよりも，ずっとシンプルに解けることが多いのです．

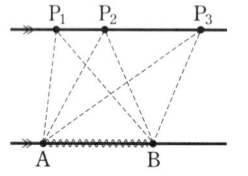

＜等積変形＞
△P₁AB
＝△P₂AB
＝△P₃AB

それでは，次で試してみましょう．

問題 1. 次の図形の面積を求めよ．

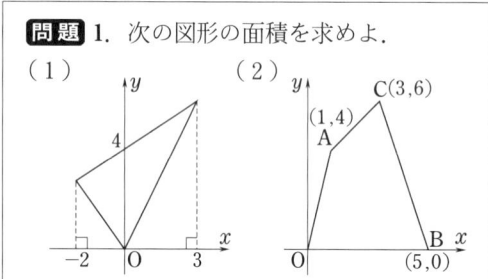

解法．（1） 色の付いた図形に等積変形すれば，

10

（2） △AOC
　＝△A′OC
と変形（色の部分）すれば，
　四角形 AOBC
　＝△CA′B＝**18**

➡注 AA′の傾きは2なので，A′(−1, 0)

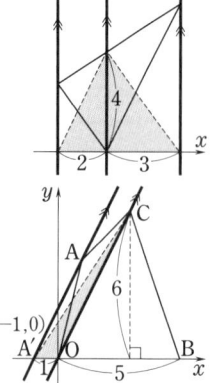

続いて，04 年の土浦日大の問題（一部改）をやってみましょう．頻出なので，皆さんも一度はやったことがあるのでは…．

問題 2. 放物線 $y=x^2$ と直線 $y=x+6$ との交点を A，B とする．放物線上に点 P を，△AOB＝△APB となるようにとるとき，P の x 座標をすべて答えよ．ただし点 P は原点とは異なる．

△AOB と△APB は，AB が共通ですから，頂点 P の居場所を作ります．それは，O を通り AB に平行な直線を引くのが初手です．

解法．上の通り $y=x$ を引き，これと放物線の交点を P₁ とすれば，
　△AOB＝△AP₁B
となります．

さらに '同じ間隔' であるように，上側にも

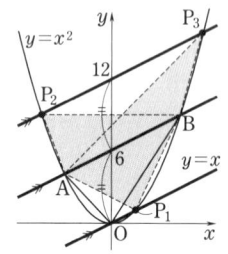

直線 $y=x+12$ を引けば，これと放物線との2つの交点（P₂ と P₃）も題意を満たし，結局求める P は，P₁ からの順に，**1，−3，4** の3つです．

➡注 'もとの直線' と '初めに引いた直線' の切片の差は6ですから，'P₂P₃ を通る直線' の切片は12なのです．

'面積が等しい時' ばかりに限りません．04年の近畿大附の問題（一部改）にも役立ちます．

問題 3. 放物線 $y=\frac{1}{2}x^2$ と直線 $y=x+4$ が2点 A，B で交わっている．放物線上に点 P をとるとき，△PAB の面積が△AOB の面積の2倍となる点 P の座標を求めよ．ただし，点 P の x 座標は正とする．

解法．今度は2倍の間隔となるように，直線を引いて，**(6, 18)**

➡注 幅は8なので，$y=x+12$ を利用します．

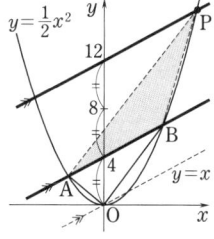

少し趣を変えましょう．04年の法政女子の問題(一部略)です．

問題 4. 図のように，4点O(0, 0)，A(2, 9)，B(8, 6)，C(8, 0)を頂点とする四角形OABCがある．点Bを通る2本の直線が四角形OABCの面積を3等分するとき，それらの直線の式を求めよ．

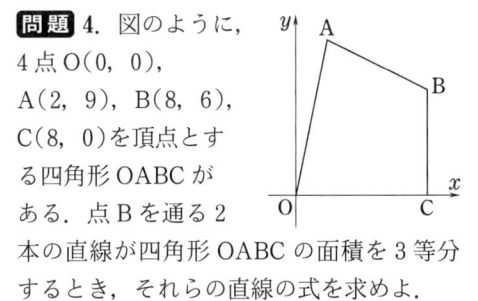

解法． Bを頂点に持つ△BA'Cに変形し，A'C間を3等分します．

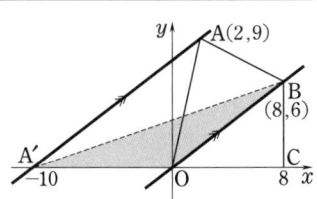

そうすると，これらの点を通る直線は，

$y = x - 2$ ……①,
$y = \dfrac{1}{2}x + 2$ …②

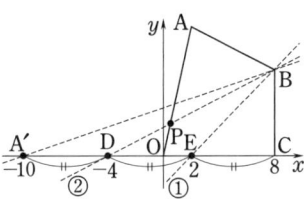

ところで，本当に面積は3等分(面積18)になっているのでしょうか？　直線①の点Eについては，△BEC=18からイイですね．一方直線②は，元の図形との交点はDではなくPですから，これを求めてP(1/2, 9/4)となり，△APB=22.5です．失敗でしたね．

実は『等積変形後に取る点は，元の図形の周上にある(…*)』という，面積を等分する際の鉄則があったのです．

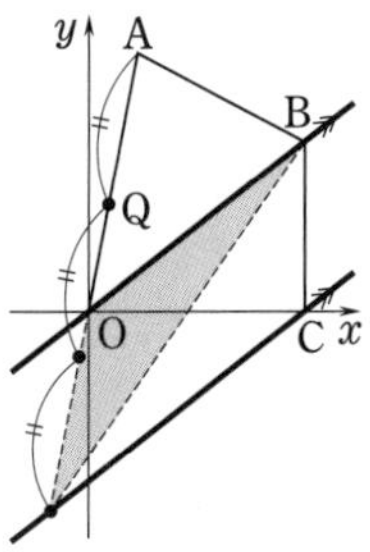

ですから本来は，右図のようにやるべきで，もう一本の直線は，Q(4/5, 18/5)を通る

$y = \dfrac{1}{3}x + \dfrac{10}{3}$

では最後に，まとめとして98年の筑駒の問題(一部略)をやってみましょう．

問題 5. 図のような，4点を頂点とする四角形において，
(1) 直線CD上に点Pをとる．△APDと四角形ABCDの面積が等しいとき，Pの座標を求めよ．
(2) 四角形ABCDの辺上に点Qをとる．△AQDの面積が四角形ABCDの面積の半分になるとき，Qの座標を求めよ．

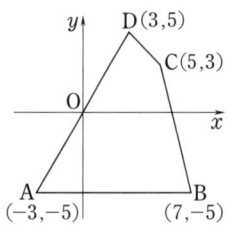

解法．（1）右図のように等積変形すると，CDは，$y = -x + 8$，またBP₁は，$y = x - 12$なので，P₁(**10, -2**)です．

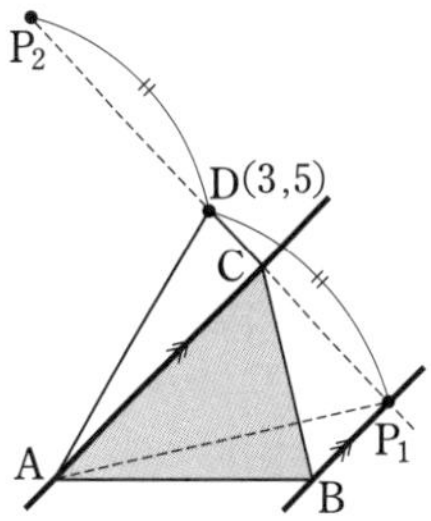

また，点Dについてこれと対称な点も答えとなり，P₂(**-4, 12**)

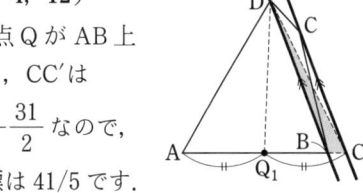

(2) ① 点QがAB上にあるとき，CC'は

$y = -\dfrac{5}{2}x + \dfrac{31}{2}$ なので，

C'のx座標は41/5です．そして，AC'の中点が*を満たすので，

$Q_1\left(\dfrac{13}{5}, -5\right)$

② 点QがBC上にあるとき，Q₁Q₂は

$y = \dfrac{5}{3}x - \dfrac{28}{3}$，CBは

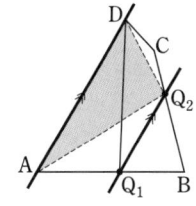

$y = -4x + 23$ なので，$Q_2\left(\dfrac{97}{17}, \dfrac{3}{17}\right)$

➡注　QがCD上にあるときは，題意を満たさないので答えはQ₁, Q₂の2つです．

━━━ミニコラム・Ⅲ━━━
間違いやすい面積の二等分

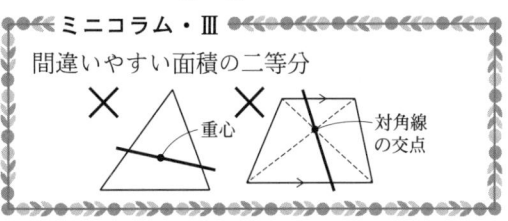

29

入試を勝ち抜く数学ワザ⑬

等積変形を糸口に，局面を打開する

関数とグラフ

放物線上に頂点をもつ四角形の面積を二等分する問題は，高校入試では頻出の部類．今回はその中で，処理がちょっと複雑な3題を紹介します．

問題 1．放物線

$y=x^2$ 上で，右図において点Aと点Bは y 軸について対称であり，点Aは点Bより左側にある．

y 軸上の正の位置に点Cをとり，四角形AOBCを作ると，点Aを通る直線 $l：y=\dfrac{4}{7}x+\dfrac{36}{7}$ はこの四角形の面積を二等分する．このとき，点Cの座標を求めよ．

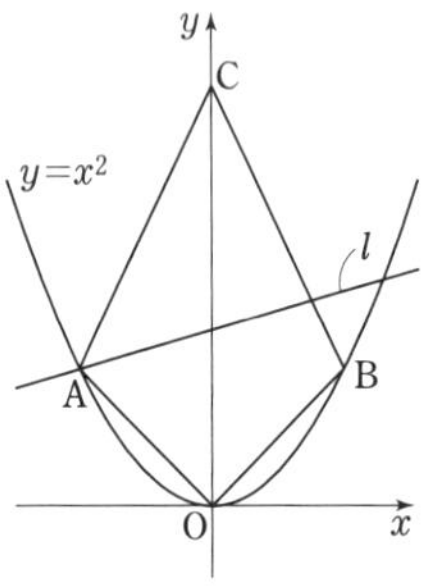

問題 2．放物線

$y=x^2$ 上に，右図のように y 座標が等しい2点A，Bがある．また，点Cの x 座標は8で，A，Bのそれより大きいとする．

いま，原点Oを通り，四角形AOBCの面積を二等分する直線 l があって，ACと点Pで交わり，その式は $y=26x$ である．

このとき，点Pの座標を求めよ．

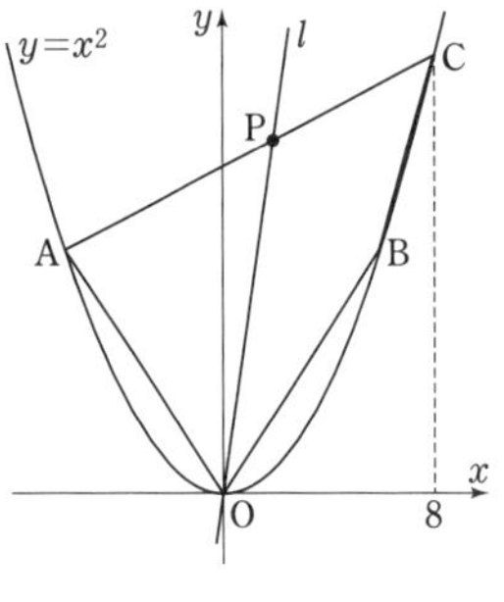

問題 3．放物線

$y=x^2$ 上に，x 座標が2である点Aをとり，また四角形COABが，OA∥CBとなるように，点B，Cをとる（ただし，点Bは，点Aより右側にあるとする）．

いま，この台形の面積を二等分する直線 l の式が $y=6x$ であるとき，点Cの x 座標を求めよ．

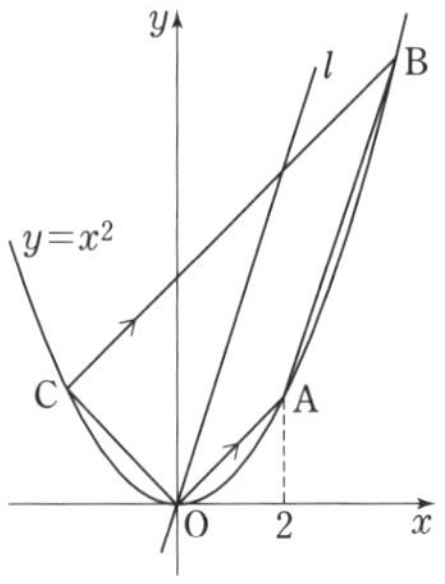

四角形の面積を文字を使って表してもいいのですが，今回私は'等積変形'を糸口とします．こうすることで，多少ではありますが，計算が楽にすすみます．

その前に確認しておきたいのは，$l \parallel m$ ならば，P_1，P_2 がどこにあっても，**色をつけた三角形の面積は等しい**ことです．

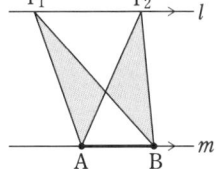

ではやってみましょう．

[問題1] y 軸についての対称性より，
㋐＋㋑＝㋒＋㋓
直線 l により，
㋐＋㋓＝㋒＋㋑
これらの比較によると㋑と㋓の交換だから，その面積が等しくなればいいわけです．

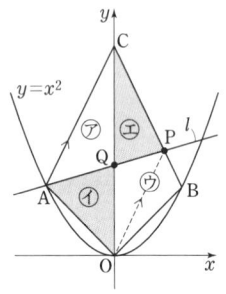

略解 直線 l とCB，y 軸との交点をそれぞれP，Qとして，AC∥OPとなるようにPをとります．こうすることで，△AQO＝△CQPが成り立ちます．これより，
∠ACO＝∠POC　（…①）
また，CAとCBは y 軸について対称で，
∠ACO＝∠BCO　（…②）
以上①②より，

△PCO は二等辺三角形（…③）

さてここで点 C の y 座標を $2c$ と置けば，点 P のそれは，③より c．これを直線 l の式へ代入し，点 $P\left(\frac{7}{4}c-9,\ c\right)$（…④） となります．

ところで A$(-2,\ 4)$ より AC の傾きは $c-2$ だから，OP の式は，$y=(c-2)x$ となります．

これに④を代入し整理すると，
$$7c^2-54c+72=0$$
$$(c-6)(7c-12)=0$$
点 P は点 B より上側にあるので，$c>4$
∴ $c=6$ ∴ **C$(0,\ 12)$**

[問題2] 右の太線によって，面積は左右で二等分されます．下図は，それに直線 l を重ねました．
㋐＋㋓＝㋒＋㋑
また直線 l により，
㋐＋㋑＝㋒＋㋓
このことは㋑と㋓の交換で，これから㋑＝㋓を目指します．

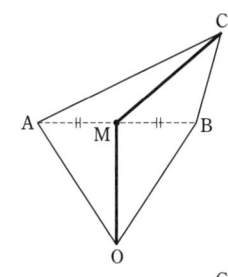

略解 点 M を対角線 AB の中点として，MC と直線 l との交点を Q とします．

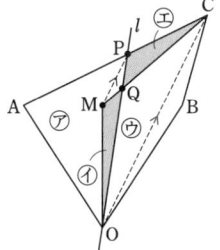

そこで，OC // MP となる P をとることで，△PQC＝△MQO が成り立ちます．

点 C$(8,\ 64)$ より，OC の式は $y=8x$．

ここで点 A$(-a,\ a^2)$ と置くと（$a>0$），M$(0,\ a^2)$ なので，MP の式は
$$y=8x+a^2\ (\cdots ⑤)$$
これよりまた，AC の式は
$$y=(8-a)x+8a\ (\cdots ⑥)$$
これら⑤⑥をもとに点 P はその交点で，
$$P(8-a,\ a^2-8a+64)$$
と表せる一方，$y=26x$ 上にもあるので整理して，$a^2+18a-144=0$
$(a+24)(a-6)=0$ ∴ $a=6$

∴ **P$(2,\ 52)$**

[問題3] 図のように，台形の対辺の中点どうしを結び，クロスした点を P とします．

こうすると，
㋐＋㋑＝㋒＋㋓
ここで P を通る直線を引けば（☞注），㋑と㋓は合同で面積は等しく，
㋐＋㋓＝㋒＋㋑
ということは，この点 P を通るように題意の直線 l を引けばいいわけです．

➡**注** 台形の上底と下底の両方を横切る直線に限る．

ちなみに点 P は，台形の重心になっています．

略解 点 C$(c,\ c^2)$ と置きます．

ここで点 B の x 座標を b とすれば，直線 CB の傾きは OA と同じです．点 A$(2,\ 4)$ よりそれは 2 であることから，
$$1\times (c+b)=2\ \ \therefore\ \ b=2-c$$
これより点 B$(2-c,\ (2-c)^2)$ となります．

ところで<u>重心 P の座標は，4 点 C, O, A, B それぞれの x, y 座標の平均です</u>．

x 座標 → $\dfrac{c+0+2+(2-c)}{4}=1$

点 P は $y=6x$ 上にあり，このとき y 座標は 6 であることがわかります．

y 座標 → $\dfrac{c^2+0+4+(2-c)^2}{4}=6$

これを整理し，$c^2-2c-8=0$
$(c-4)(c+2)=0$

点 C は原点 O より左側にあることから，$c<0$．このことから，**$c=-2$**．

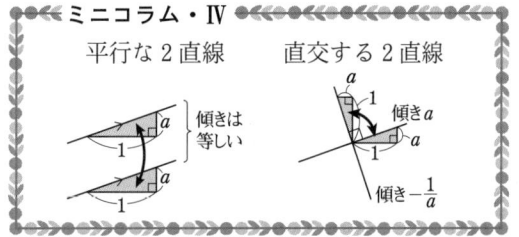

ミニコラム・Ⅳ

平行な2直線　　直交する2直線

入試を勝ち抜く数学ワザ⑭

環(リンク)の公式

音楽の都ウィーンは，私の最も好きな街の一つです．目当てのオペラ鑑賞以外にも，この地を支配していたハプスブルク家の栄華を辿ったり，妻はザッハーなどのトルテやケーキをほおばったりと，たくさんの楽しみがあります．

シュテファン寺院を中心とする旧市街を巡るには市電が便利で，特に国立歌劇場を基点とした'リンク'とよばれる道沿いをひと回り(4km)することで，この街の人々に触れたような気分を味わえます．

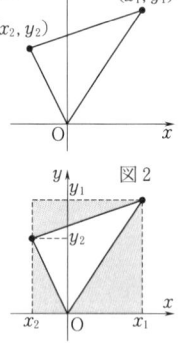

いったい何が始まるの？と思ったでしょう．今回は，周がリンクのような，ちょっと凸凹した図形の面積を，座標平面上において求めることを試してみます．

そこで基本となるのが三角形です．最初は，ある1頂点が原点(図1)のものからやってみます．

これは図2のように，長方形で囲ってから，今度は片っ端から周囲の三角形を引けばいいです．

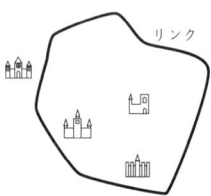

$(x_1-x_2)y_1$
$\quad -x_1y_1/2-(-x_2)y_2/2-(x_1-x_2)(y_1-y_2)/2$
$=(x_1y_2-x_2y_1)/2$

となって，これは図3のような2頂点が同一象限にある場合も図4からできるし，さらには図5の場合でも，原点から反時計回りに座標を置けば，成り立つことが確認できます．

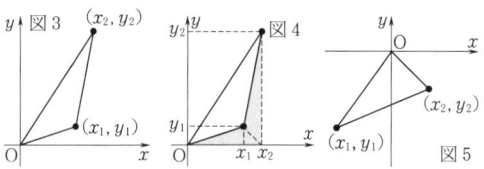

補題 1. 右の三角形の面積は，次のように表される．

$$\frac{1}{2}(x_1y_2-x_2y_1)$$

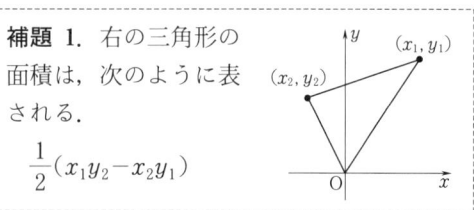

さらに今度は，補題1から'原点'という条件を外して考えてみます(図6)．つまり，どの頂点も原点にない場合ですね．これも囲って(図7)計算することで，次のようになります．

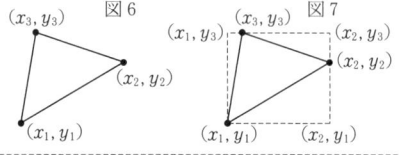

補題 2. 右の三角形の面積は，次のように表される．

$$\frac{1}{2}(x_1y_2+x_2y_3+x_3y_1$$
$$\quad -x_3y_2-x_2y_1-x_1y_3)$$

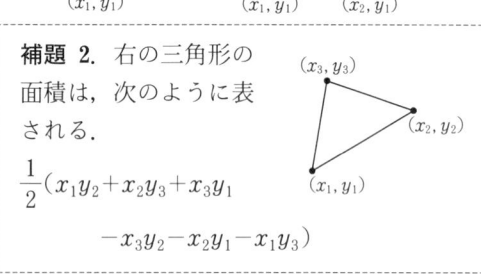

もちろん，図8のような時でも，ちゃんとできますよ．

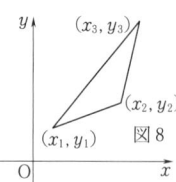

ところで上の補題2，文字がいっぱいだから複雑に見えて，何やら使い勝手が悪そうですよね．「式はシンプルでなければ」というコダワリ派の人にとっては，う〜ん，と唸り声が聞こえてきそうです．でもでもよ〜く見ると，ちゃんと文字の組み合わせ方があることに，気がつきませんか？ まず，

$x_1 \times y_2,\ x_2 \times y_3,\ x_3 \times y_1$
と，x_1から順に，反時計回りに掛けていって，**プラス**の符号を付けます．

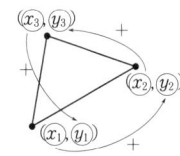

次に，x_3 から順に時計回りに掛けていって，$x_3 \times y_2$, $x_2 \times y_1$, $x_1 \times y_3$ 今度は**マイナス**の符号を付けます．ほら，これらをすべて加えれば，式が出来上がるでしょ．環(ring)を作って，順に計算していけばいいですね．

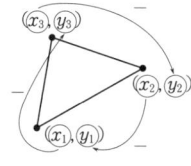

さらにもっと，辺が多くなるとどうでしょうか．まずは四角形．

図9のように，四角形の各頂点に，反時計回りに座標を置きます．この後，'対角線を引き二つの三角形に分割' すれば，**補題2**を組み合わせて求めることができます．すると，

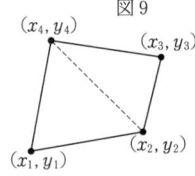

 左 $\dfrac{1}{2}(x_1y_2+x_2y_4+x_4y_1-x_4y_2-x_2y_1-x_1y_4)$

 右 $\dfrac{1}{2}(x_2y_3+x_3y_4+x_4y_2-x_4y_3-x_3y_2-x_2y_4)$

なので，次のようになります．

補題 3. 右の四角形の面積は，次のように表される．
$$\dfrac{1}{2}(x_1y_2+x_2y_3+x_3y_4+x_4y_1-x_4y_3-x_3y_2-x_2y_1-x_1y_4)$$

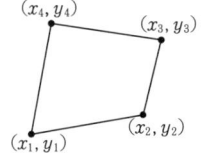

そこで，この手法を次々ととっていけば，

〈五角形〉＝〈四角形〉＋〈三角形〉，

〈六角形〉＝〈五角形〉＋〈三角形〉，…，

と，何角形でも大丈夫ですね．

それでは，公式化しておきましょう．

＜リンク(環)の公式＞

右の n 角形の面積は，次のように表される．
$$\dfrac{1}{2}(x_1y_2+x_2y_3+x_3y_4$$
$$+\cdots+x_{n-1}y_n+x_ny_1$$
$$-x_ny_{n-1}-x_{n-1}y_{n-2}-\cdots-x_3y_2-x_2y_1-x_1y_n)$$

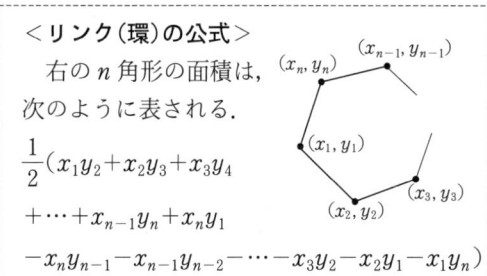

ところでこの公式，凸図形に限ってのことではありません．右のような凹図形（図10）でも使えるのですよ（∵ 点線のようにすれば，簡単に証明できますよね）．

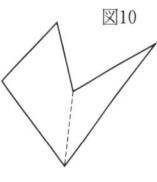

それどころか，下の図を見てください．最初の八角形の，黒印の頂点を徐々に近づけていって最後に一致させれば，'穴の開いた' 五角形になりますよね．

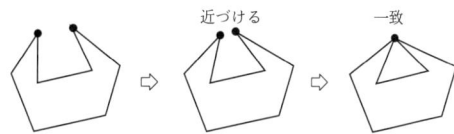

つまりこの '(三角形の)穴開き五角形' も，"八角形" と考えれば，公式が使えるわけです．

〈五角形〉＋〈内側の三角形〉＝〈八角形〉

また次のような場合でも，

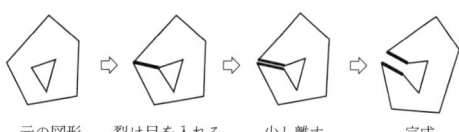

〈五角形〉＋〈内側の三角形〉＋〈裂け目の辺〉

ということで，5＋3＋2＝10 から，十角形として計算すればいいですね．

このように，**リンクの公式**は，凹凸図形ばかりではなく，穴の開いた図形にまで対応が利くのです．

それでは，次の問題で試してください．

問題 右図で，色の濃い部分の面積を求めよ．

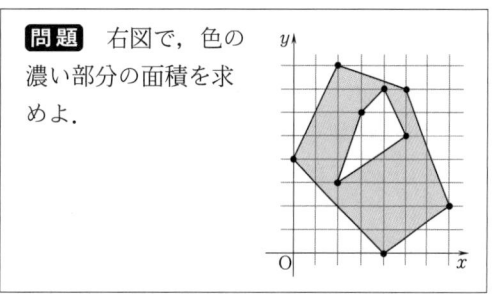

略解 プラス → 104.5，マイナス → 77

104.5−77＝**27.5**

入試を勝ち抜く数学ワザ⑮

'座標'と'角度'をつなぐアイテム

'座標は位置''角度は大きさ'を表示する道具ですから，その用途はまったく別のもので，おまけにこれらの相性はあまりいいものではありません．今なら，互換性が乏しいと表現されそうです．

この犬猿の仲の'座標'と'角度'，今回はこの二つのコラボレーションが成立します．座標平面上に，定められた角を設定する問題です．

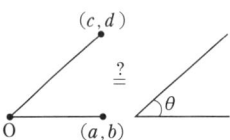

問題 右図のように座標平面上に2点A$(2, 6)$，B$(10, 12)$がある．

いまx軸上に点Pを次のようにとるとき，各問いにおいてPのx座標を求めよ．

(1) C$(11, -6)$について，
　∠ACB＝∠APB
(2) ∠APB＝$45°$
(3) ∠APBが最大

当てずっぽうでいいので，大体の位置に目星をつけておきましょう．

さて(1)ですが，x軸上を点Pを動かしながら，右図のようなイメージを作っていきます．するとどうでしょう，点Cの左右の側に一つずつ解があることに気づきます．

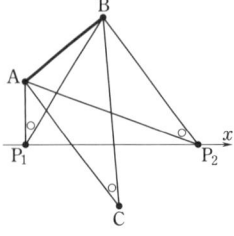

ところで，これら5点A，P_1，C，P_2，Bをじっとじっと眺めていると，あることに気づきます．それは，これら5点が同一円周上にあることです．∠ACBや∠APBを，弧ABの円周角とみなせば，納得もいくでしょう．

[イメージ1]

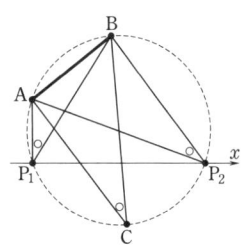

解法 (1) '直線ABの傾き'は$\dfrac{3}{4}$，'直線ACの傾き'は$-\dfrac{4}{3}$なので，∠BAC＝$90°$と気づきます．したがって，直角三角形BACの外接円の直径はBC＝$5\sqrt{13}$で，また中心Mは辺BCの中点ですから$\left(\dfrac{21}{2}, 3\right)$です．

こうして次のように求めます．点P_1，P_2はこの円周上にあって，図のようにすることで

$$H P_2 = \sqrt{\left(\dfrac{5\sqrt{13}}{2}\right)^2 - 3^2} = \dfrac{17}{2}$$

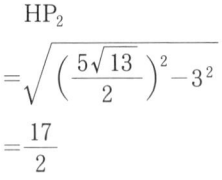

ですから，点P_2のx座標は **19** となります．

また$HP_1 = HP_2$より，P_1のそれは **2** です．

いかがでしたか．このように，**円（共円）が問題攻略の糸口**となります．これこそが，座標と角度をつなぐ必殺のアイテムだったわけです．

次の(2)も，(1)と同様に円を補助として使って考えてみてください．

この円の中心を点Qとすると，
　∠AQB
　＝∠APB×2＝$90°$

[イメージ2]

となりますから，弧ABに対する中心角は$90°$

34

です．もちろん，AQ＝BQ といえます．

解法（2） では，上で示した点 Q の座標を求めましょう．

線分 AB の中点を I(6, 9) とすると，AB⊥IQ です．

ここで，右図のような合同な三角形（網目）を組み入れ，ここから円の中心 Q(9, 5) と求まります．こうすることで，半径も $5\sqrt{2}$ と計算されます．

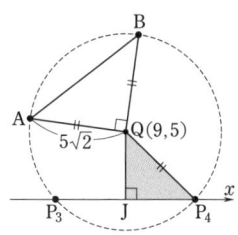

ここでまた右図のようにすれば，JP₄＝5 となり，点 P₄ の x 座標 **14** がわかります．同様に，P₃ のそれは **4** となります．

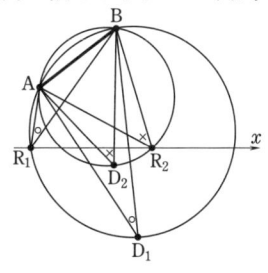

同じ共円でも，(1)は「同じ弧に対する円周角は等しい」，(2)は「円周角＝$\frac{1}{2}$中心角」を具現化したものです．

最後の(3)ですが，これも円でこう考えます．

A，B を通る適当な円を描きます．この円周上に点 D をとると，∠ADB の大きさは，図からもわかるように，円の大きさや位置によって変化していきます．この場合なら，弦 AB の下側にくる弓形の位置に注目です．この**弓形が上方へ移動すればするほど，∠ADB が大きくなる**ことに注意します（☞注）．

ということで，弓形を x 軸（点 P が取れる）スレスレまで持ち上げます．すると，今度はどういう円になるのでしょうか．

➡**注** 右図において，
∠AD₂B
＝∠AD₁B＋∠D₂BD₁
より，
∠AD₂B＞∠AD₁B
∴ ×＞〇．

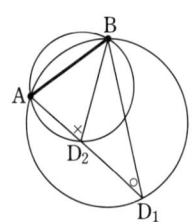

解法（3） 右図のような，2 点 A，B を通り x 軸に接する円を作ります．

x 軸スレスレとは，ただ 1 点を円と共有する場合で，

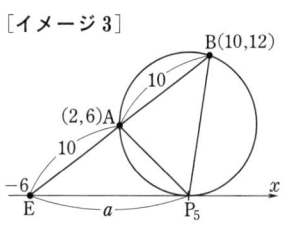

それが点 P というわけです．この場合に ∠APB が最大となるのは，上の通りです．

直線 AB と x 軸との交点を E とします．また，円と x 軸との接点を P₅ とします．EP₅＝a として，方べきの定理を用いましょう．

$$a \times a = 10 \times 20 \quad a = \pm 10\sqrt{2}$$

これより，P₅ の x 座標は，$\mathbf{10\sqrt{2}-6}$

最後の(3)は，「接線の性質（接弦定理からの相似）」を用いました．円の性質を多用した結果だと思います．

◀◀◀ ミニコラム・Ⅴ ▶▶▶

平行四辺形の面積を分ける方法

・上下の辺と交わる．

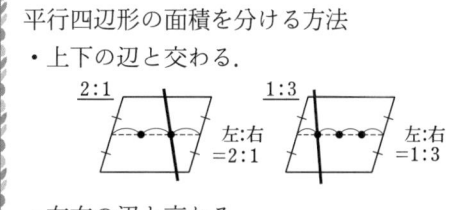

・左右の辺と交わる．

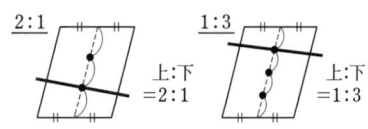

入試を勝ち抜く 数学ワザ⑯

線分と見込む角が一定ならば

今回はまず，次の問題を考えてみましょう．01年の高知学芸高校(一部略)です．

問題 1. 右図で，放物線 $y=ax^2$ と直線 l が2点A, Cで交わっている．点Aの座標は$(-2, 1)$で，点B, 点Cのy座標がそれぞれ1, 9である．

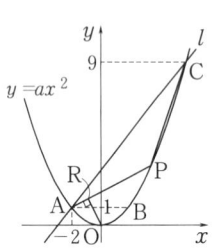

(1) a の値を求めよ．
(2) 直線 l の式を求めよ．
(3) 点Pが放物線上をBからCまで動くとき，原点Oから直線APにひいた垂線の足Rはどんな図形上を動くか説明せよ．また，点Rが動いた長さを求めよ．

解答 (1) $a=\dfrac{1}{4}$ (2) $y=x+3$

(3)は，いわゆる普通の関数の問題と違い，曲者です．点が放物線上を動くときの軌跡なんて，やったことのある人のほうが少ないのではないでしょうか．そしてその答えを，放物線を描く，なんて早合点してはいけませんよ．よく分からない人は，点Pを少しずつ動かしてみて，Rの位置をとっていけば，だいたいの感じはつかめるはずです．そうすると，何となく円弧になりそうな気がしませんか．

しかし，'何となく'ではいけません．'なぜか？'その理由を考えましょう．

そこで，点Rに絡む点はどれとどれでしょうか．まず線分APの点AとPですね．それと垂線の端点であるOもそうです．したがって，R以外の点A, O, Pも重要な存在だ，といえます．

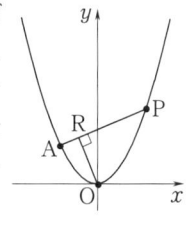

そしてこの中で，固定されている，つまり定点はどこかというと，それはAとOですね．よって線分AOは，常にこの状態にあるわけです．そしてまた，Rの位置にかかわらず$\angle ORA=90°$ですから，結局'線分OA'と'$\angle ORA$'は保存されている，といえるでしょう．

ここから何が想像できるでしょうか．

解法 (3) 上の説明からもわかるように，RはAOを直径とする円周上を動きます(右図)．

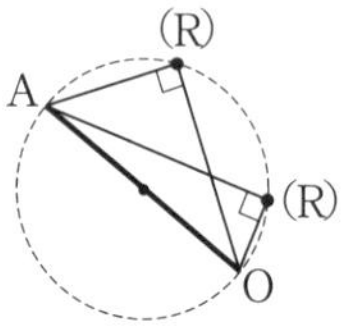

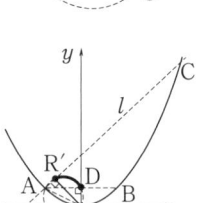

そこで，PがBからCまで動くとき，Rはどのように円弧を描くのでしょうか．

i) PがBと一致するとき
ABとy軸との交点をDとすると，$\angle ADO=90°$から，RはDと一致します．

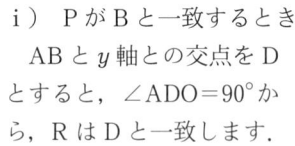

ii) PがCと一致するとき
Rは直線 l と $y=-x$ の交点R'になります．

以上 i), ii) から，Rは右図の太線を描くことがわかりますね．

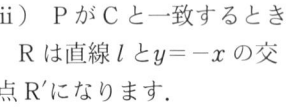

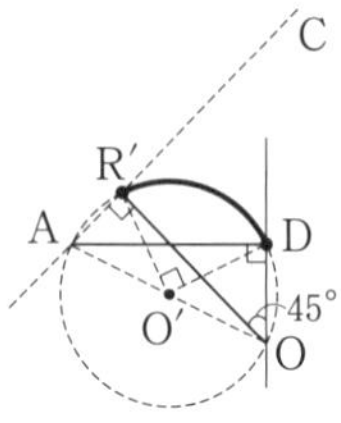

ここで，OR'の傾きから$\angle R'OD=45°$で，この円の中心をO'(AOの中点である)とすると，$\angle R'O'D=90°$です．

また，$R'O'=\dfrac{1}{2}AO=\dfrac{\sqrt{5}}{2}$ ですから，**Rは半径が $\dfrac{\sqrt{5}}{2}$，中心角 $90°$ のおうぎ形の円弧を描く**(太線)わけです．そして，その長さは $\dfrac{\sqrt{5}}{4}\pi$ です．

いかがでしたか．グラフ上を動く，中でも放物線上を動く，といっても結局は平面図形の問題とやっていることはいっしょなのです．恐るるに足らずということです．

続いては，初出の問題を紹介しましょう．これももちろん，円ができます．どのような円になるか，じっくりと考えてください．

問題 2. 右図のように，
直線 $y=ax$ ($a \neq 0$)
上に 2 点 P, Q があり，
点 A(4, 0) について，
AP=AQ,
∠PAQ=90° を満たしている．
（P と Q は異なる点で，常に P は Q の上側にあるとする.） 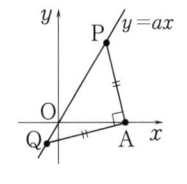
このとき，次の各問いに答えよ．
(1) 2 点 P, Q が同じ象限になるとき，a の範囲を求めよ．
(2) 線分 PQ の長さの範囲を求めよ．
(3) 線分 PQ の動きうる範囲を図示し，その面積を求めよ．

しばらく考えて何も思い浮かばない人は，△APQ の形に着目しましょう．そう，これは直角二等辺三角形ですね．したがって，∠APQ=∠AQP=45°．この角，何かヒントになりそうです．

解法 まず a の値によって，PQ がどのような位置にあるのか，観察してみましょう．

① $a<-1$ ② $a=-1$ ③ $-1<a<0$

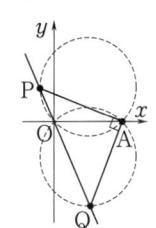

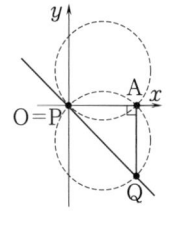

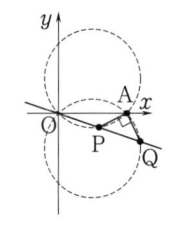

④ $0<a<1$ ⑤ $a=1$ ⑥ $1<a$

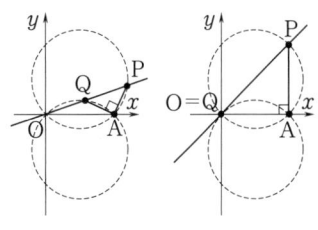

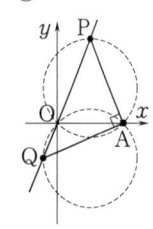

(1) ③と④で，$-1<a<1$ ($a \neq 0$)
(2) 点 A から PQ へ下ろした垂線の足を H とすると，$AH=\frac{1}{2}PQ$ ですから，AH が最も長くなりそうなときと，短くなりそうなときを考えると，$0<AH<4$ です．∴ $\mathbf{0<PQ<8}$
(3) 線分 PQ の動きを，もう少し細かくみていくことにしましょう．そこで，点 P がどのように動くのかというと，③では ∠OPA=135°，③以外は 45° を保ちますから，OA を一つの弦とする円周上を動く（円 P），ことがわかります．同様に Q も円周上を動き（円 Q），円 P と円 Q は x 軸について対称です．

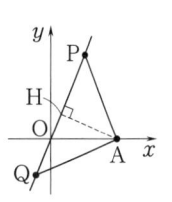

そこで，これらの円の大きさや位置は，円 P の中心を P' とすると，∠OP'A=90° から，P'(2, 2) で，半径が $2\sqrt{2}$ の円であるといえます．同様に円 Q は，中心が (2, -2) であることがわかります．

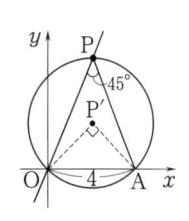

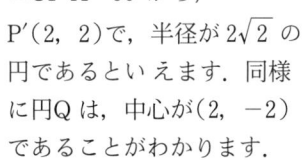

では一体，線分 PQ はどう動くのでしょうか．実際に動かしてみて，この範囲を図示すると，右図のようになり，面積は $\mathbf{8\pi+16}$ です．

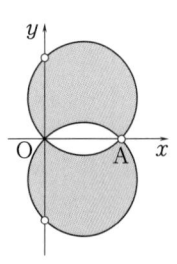

今回の要点は，
① 線分と見込む角一定から，円を描く
② ①で，点や線分の動きうる範囲を示すといえるでしょう．軌跡もへっちゃらですね．

入試を勝ち抜く数学ワザ⑰

'折り返し'を座標で斬る！

今回は，'図形の折り返し'問題を"座標を設定"することで解きたいと思います．

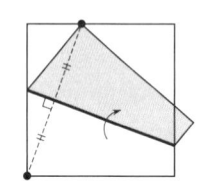

そこで右図を見てください．色の付いた部分は，折り返された図形です．

ここで注意しておきたいのは，「折り返された図形は，元の図形と折り目に対して線対称になる」という当たり前なことです．ただ，これを覚えておけば『元の頂点と移動先を結ぶ線分は，折り目によって**垂直に二等分線**される』，という数学的な事柄に帰着できます．

そしてもう一つ，"直角の頂点を原点に置き，これをはさむ2辺をそれぞれの軸に重ねる"ことは，座標幾何の定石です．

それではやってみましょう．

問題1. 右図のような1辺が8の正方形がある．辺AD上に中点Mをとり，いま頂点BをMと重なるようにEFで折る．
DF：FCを求めよ．

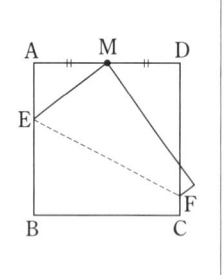

点Bの行き先が点Mですから，折り目EFは線分BMの垂直二等分線です．つまり，BMの中点をNとすると，"**BM⊥EF，BN＝NM**"が成り立つわけです．

そこで∠B＝90°から，ここを原点に置いて，辺BC，BAをそれぞれx，y軸に重ねます．

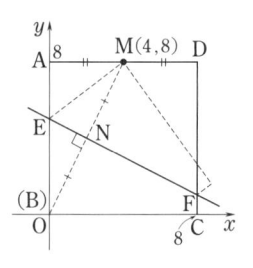

解法． BMの傾きは2なので，EFの傾きは$-\dfrac{1}{2}$です．また，線分BMの中点Nは，(2, 4)ですから，折り目EFの式は

$y=-\dfrac{1}{2}x+5$ となるので，Fのy座標は1です．

∴ DF：FC＝(8−1)：1＝**7：1**

続いては，91年のラ・サール（一部略）です．

問題2. AB＝BC＝3，∠B＝90°である直角三角形ABCがある．この三角形を，右図のようにEFを折り目として折り曲げたら，頂点Aは，辺BC上の点Dに重なり，BD＝1となった．このとき，EFの長さを求めよ．

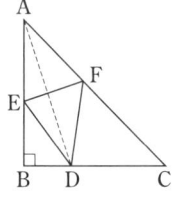

Bを原点に合わせ，BA，BCを軸と重ねます．またEFは線分ADの垂直二等分線です．

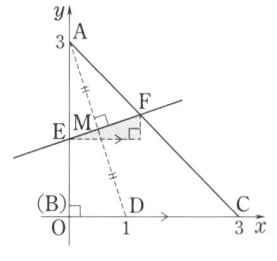

解法． A(0, 3)，C(3, 0)から，直線ACの式は，
$y=-x+3$ (…①)
となります．

またD(1, 0)よりADの傾きは−3ですから，EFの傾きは$\dfrac{1}{3}$とわかります．さらに

$M\left(\dfrac{1}{2}, \dfrac{3}{2}\right)$より，EFの式は$y=\dfrac{1}{3}x+\dfrac{4}{3}$(…②)

となって，そうすると直線①，②から

$F\left(\dfrac{5}{4}, \dfrac{7}{4}\right)$が求まります．

そして最後に，網目の三角形で三平方をすればよいのですから，EF＝$\dfrac{5\sqrt{10}}{12}$が答えです．

ところで，問題2の図を正方形にしてから動かしてみます．こうしてみると，問題1と2は，実にソックリですよね．ただ違いもあって，
・問題1…折り返した先が上辺の中点
・問題2…折り返した先が上辺を1：2に分ける（BD：DC＝1：2だから）

これにより折り目が，正方形の縦の辺をいろいろな比に分けてくれます．

問題1　問題2

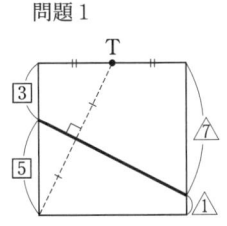

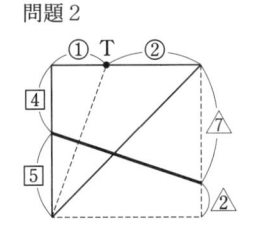

そこで正方形の一辺を1，行き先Tの x 座標を a とすると，EB，FCの長さはそれぞれ左下図のように表されます．また，頂点Cを点Tへ重なるように折り返したものが右下図です．

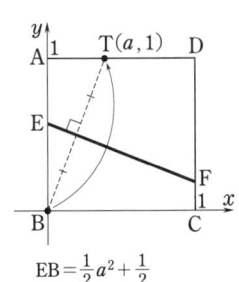

$EB = \frac{1}{2}a^2 + \frac{1}{2}$

$FC = \frac{1}{2}a^2 - a + \frac{1}{2}$

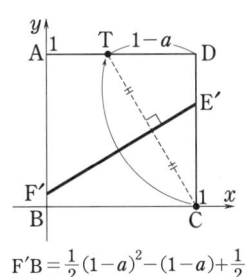

$F'B = \frac{1}{2}(1-a)^2 - (1-a) + \frac{1}{2}$

$E'C = \frac{1}{2}(1-a)^2 + \frac{1}{2}$

では，この2つの図形を重ねてみましょう．
そうすると，$EF' = E'F = \frac{1}{2}$（☞注）

➡注　$EF' = EB - F'B$，$E'F = E'C - FC$
より，これを計算し導きます．

が成り立ち，この性質を題材にしたのが，次の03年の埼玉県立の問題（改題）です．

問題3．右図のように，正方形ABCDの辺AD上に点Tをとる．頂点Bが点Tに重なるように折った時の折り目をPQ，頂点Cが点Tに重なるように折った時の折り目をRSとする．このとき，PR＋QS＝BCを示せ．

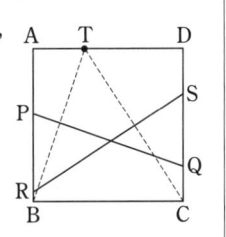

正方形の一辺を1とすれば，$PR = QS = \frac{1}{2}$ だから，PR＋QS＝1＝BC が示されます．

最後にもう一題．こちらは今までとタイプが異なりますが，座標が便利であることには違いありませんよ．02年の筑駒の問題（一部略）です．

問題4．AB＝4，AC＝3，A＝90°である△ABCがある．辺BC上に点Dが中点となるようにとり，線分ADを折り目として折る．
このとき，紙の重なった部分でできる図形の面積を求めよ．

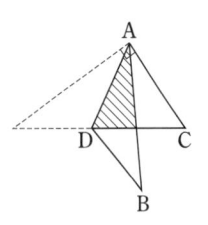

図をグルッと回転させます．そしてポイントは，見えない直交を探し出すこと！

解法．直線ADはBB'を垂直に二等分します．
そこで交点をHとすると，△ABHも3：4：5の辺比となることなどから

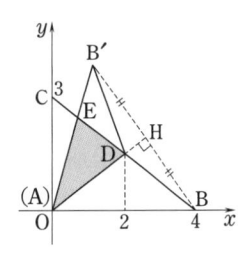

$H\left(\frac{64}{25}, \frac{48}{25}\right)$ で，またこのHは，BB'の中点ですから，$B'\left(\frac{28}{25}, \frac{96}{25}\right)$ です．

そうすると，直線AB'の式は $y = \frac{24}{7}x$ で，CBは $y = -\frac{3}{4}x + 3$ ですから，この交点Eの x 座標は $\frac{28}{39}$ となります．これと点Dの x 座標が2であることを利用すれば，

$$\triangle EAD = \triangle CAB \times \frac{ED}{CB} = 6 \times \frac{50/39}{4} = \frac{25}{13}$$

39

入試を勝ち抜く数学ワザ⑱

放物線の際立つ特徴を解き明かす

入試で出る放物線には様々な興味ある特徴が隠れています．今回はその中から直線の式が絡んだものを紹介します．

特徴1　＜放物線上の2点を通る直線の式＞

（1）図における2点P，Qを通る直線の式は，$y=a(p+q)x-apq$

（図1）　（図2）

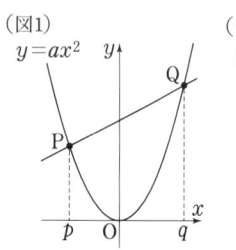

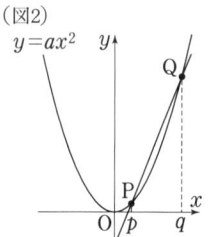

➡注　y 軸に関し点P，Qが別の側にある図1でも，同じ側にある図2でも成り立つ．放物線が下に開く場合（$a<0$）も言うに及ばず．

（2）図で放物線と点Pにおいて接する直線の式は，

$$y=2apx-ap^2$$

（図3）

➡注　接するとは，図2の点PとQが重なった場合と理解するとよい．

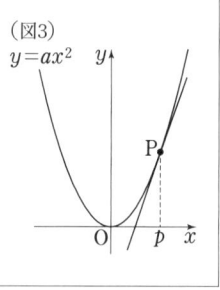

＊**理由**　（1）交点P，Qの x 座標はそれぞれ p，q だから，これらを解に持つ2次方程式は，
$(x-p)(x-q)=0$　　$x^2=(p+q)x-pq$

この両辺に a を乗じ，$ax^2=a(p+q)x-apq$ とすると，等式の左辺を y と置いた $y=ax^2$ は放物線の方程式，右辺を y と置いた
$y=a(p+q)x-apq$ ………（★）は直線PQの方程式とみることができる．

（2）（1）の点Qを点Pと一致させ，★において $q=p$ とすれば得られる．

特徴2　＜放物線は相似＞

下図のように，3点O，P，Qが一直線上にあれば，OP：OQ＝$|b|$：$|a|$

つまり，あらゆる放物線は，点Oを中心とする相似形である．

（図4）　（図5）

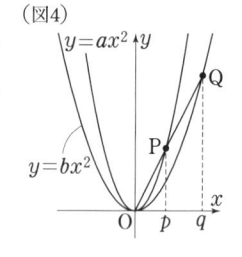

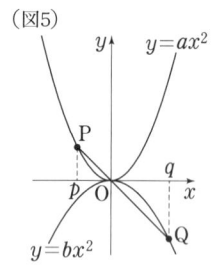

➡注　図5のように2つの放物線が x 軸について反対側にあっても成り立つ．

＊**理由**　直線OP，OQの傾きはそれぞれ ap，bq であり，3点が一直線上にあることから傾きは等しく，$ap=bq$

これより $|p|:|q|=|b|:|a|$．

特徴3　＜放物線と交わる2本の平行線＞

図における2本の直線が平行であるとき，

$$p+q=r+s$$

特に点Rが原点と一致すれば，

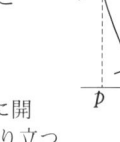

$$p+q=s$$

（図6）

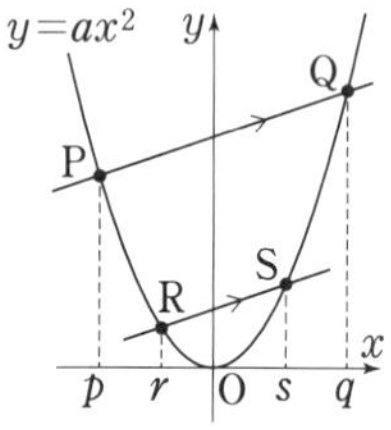

➡注　放物線が下に開く場合（$a<0$）も成り立つ．

＊**理由**　直線PQ，RSの傾きはそれぞれ
$$a(p+q),\ a(r+s)$$
であり，これらは等しいので，
$a(p+q)=a(r+s)$ として整理する．

特徴4　＜放物線内のくねる折れ線＞

下図において，
$OP_1 /\!/ P_2P_3 /\!/ \cdots$　　………①
$P_1P_2 /\!/ P_3P_4 /\!/ \cdots$　　………②

であり，直線①と②の傾きが異なりかつ絶対値が等しいならば，点 P_2, P_3, P_4, … の x 座標は順に，
$-2p, 3p, -4p, \cdots$

（図7）

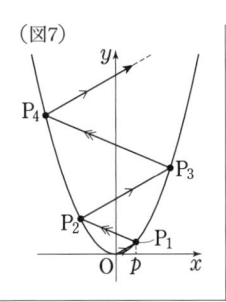

＊理由 点 P_2, P_3, P_4, … の x 座標を順に $p_2, p_3, p_4, \cdots$ とおく．

ここで直線 OP_1 と直線 P_1P_2 の傾きの絶対値は等しい（明らかに符号が異なる）ので，
$$ap = -a(p+p_2) \quad \therefore \quad p_2 = -2p$$

続けて直線 P_1P_2 と P_2P_3 でも同様で，
$$a(p+p_2) = -a(p_2+p_3)$$
から，$a(p-2p) = -a(-2p+p_3) \quad \therefore \quad p_3 = 3p$

以下同様に示すことができて，
$$p_{2n} = -2np, \quad p_{2n-1} = (2n-1)p \quad (n \geq 1)$$

特徴5 ＜放物線と交わる円＞

右図において，
$$p+q+r+s = 0$$

➡注 放物線が下に開く場合（$a<0$）も成り立つ．

（図8）

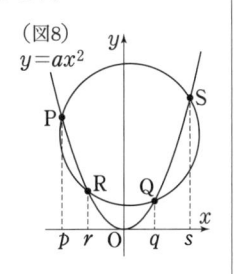

＊理由 点 P, Q, R, S の x 座標を順に p, q, r, s とすると，直線 PQ，RS の式はそれぞれ，
$$y = a(p+q)x - apq$$
$$y = a(r+s)x - ars$$

よって，PQ と RS の交点 T の x 座標は
$$\frac{pq-rs}{p+q-r-s} \quad (=t \text{ と置く})$$

このことから図9における 'x 座標の差' は，
$$P'T' = t-p \qquad Q'T' = q-t$$
$$= \frac{(s-p)(p-r)}{p+q-r-s}, \qquad = \frac{(q-r)(q-s)}{p+q-r-s}$$
$$R'T' = t-r \qquad S'T' = s-t$$
$$= \frac{(q-r)(p-r)}{p+q-r-s}, \qquad = \frac{(p-s)(s-q)}{p+q-r-s}$$

つまり，
$$P'T' \times Q'T' = R'T' \times S'T' \quad \cdots\cdots ①$$
といえる．

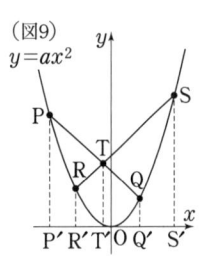

さらに別の視点で図10で方べきの定理から，
$$RT \times ST = PT \times QT \cdots ②$$

①と②の辺々を乗じ，
$$P'T' \times Q'T' \times RT \times ST$$
$$= R'T' \times S'T' \times PT \times QT$$
$$\cdots\cdots\cdots ③$$

（図9）

（図10）

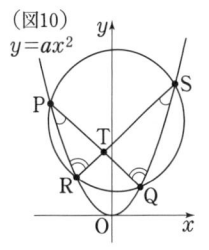

さて，3点 P, T, Q や R, T, S は一直線上にあり，その線分比から，
$$RT : ST = R'T' : S'T' \quad ST = \frac{RT \times S'T'}{R'T'} \cdots ④$$
$$PT : QT = P'T' : Q'T' \quad QT = \frac{PT \times Q'T'}{P'T'} \cdots ⑤$$

③の ST と QT をそれぞれ④⑤へ置き換え整理すれば，$PT^2 \times R'T'^2 = RT^2 \times P'T'^2$ より，
$PT \times R'T' = RT \times P'T'$ となるから，
$$PT : P'T' = RT : R'T'$$

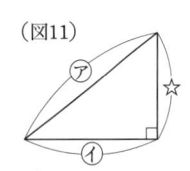

つまり'㋐線分の長さ（斜辺）'と'㋑x 座標の差（水平方向）'の比が，線分 PT と RT は共に等しいことから，三平方の定理を用いれば☆の辺（鉛直方向'y 座標の差'）も含め三辺の比が等しい．

（図11）

この話で線分 PT を直線 PQ へ，線分 RT を直線 RS へ広げて考えれば，直線 PQ 上及び直線 RS 上のどの2点を取っても，'x 座標の差'と'y 座標の差'の比が等しく一定であるから，直線 PQ と直線 RS の傾きの絶対値が等しいことを述べている．

図8から，この2直線の傾きの符号は明らかに異なるので，
$a(p+q) = -a(r+s), \quad p+q = -r-s$
より成り立つ．

入試を勝ち抜く数学ワザ⑲

放物線にまつわる3つの話題

まずは，05年の筑駒の問題（一部略）から．

問題1. 関数 $y=x^2$ のグラフ上の2点A，Bの x 座標は -1，2である．点Pは点 $(-1, 0)$ を，点Qは点 $(2, 0)$ を同時に出発し，共に毎秒1の速さで，x 軸上を図の矢印の向きにそれぞれ動く．$y=x^2$ のグラフ上で，P，Qと x 座標が同じ点をそれぞれR，Sとする．出発してから t 秒後について， 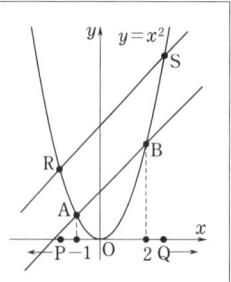
（1） 2点R，Sの x 座標の差，y 座標の差をそれぞれ求めよ．
（2） 直線RSの式を求めよ．

P，Qは t 秒間に t 動くので，これよりR，Sの座標を t の式で表すことができます．

解法 （1） R，Sの x 座標はそれぞれ $-1-t$，$2+t$ なので，その差は
$$(2+t)-(-1-t)=2t+3$$
また，それぞれの y 座標は，$(-1-t)^2$，$(2+t)^2$ なので，y 座標の差も，
$$(2+t)^2-(-1-t)^2=2t+3$$
（2） （1）より両座標の差が共に等しいので，直線RSの傾きは1．また切片は t^2+3t+2 なので，求める式は，$y=x+t^2+3t+2$ となります．

この問題1で，直線ABとRSの傾きに目をやると，AB // RSが言えますね．この性質は目を引きます．

話題1. 右図において，$l // m$ である．

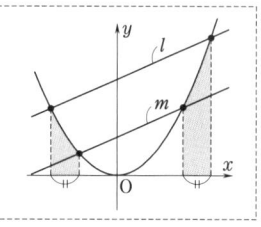

次は，04年の浦和明の星女子（一部略）です．

問題2. 右図のように放物線 $y=x^2$ 上に x 座標がそれぞれ -1，2，$-1-k$，$2+k$ である4点A，B，P，Qをとり，直線APと直線BQの交点をCとする．ただし，$k>0$ とする． 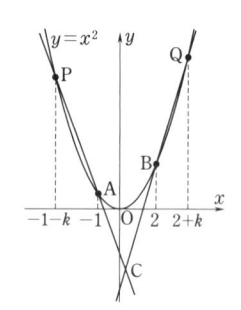
（1） 直線APと直線BQの方程式をそれぞれ求めよ．
（2） 点Cの座標を求めよ．

解法 （1） APの式…$y=(-2-k)x-1-k$
BQの式…$y=(4+k)x-4-2k$
（2） （1）の2直線の式を連立させると，
$$C\left(\frac{1}{2}, \frac{-4-3k}{2}\right)$$

ここで（2）は注目です．点Cの x 座標は，k の値に関わりなく1/2で一定ですよね．そのうえ，これは '2点A，Bの中点' および '2点P，Qの中点' の x 座標と共に一致していることに気付きましたか．

このことと問題1を絡めれば，次のように言い換えることができます．

話題2. 右図において，AB // CDで，CAとDBの交点をPとすれば，右が成り立っている．

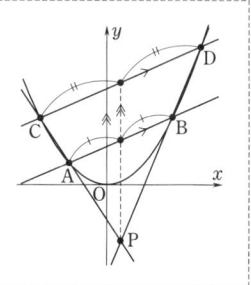

次に，中学の範囲からは外れますが，この問題をやってみてください．

問題3. 放物線 $y=x^2$ 上に x 座標がそれぞれ -2, 4 である点A，Bがあり，これらにおける接線の交点をCとする．このとき，次の各問いに答えよ． 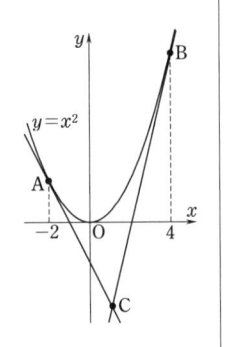
（1） 点A，Bにおける接線の式を求めよ．
（2） 点Cの座標を求めよ．

接線の式を $y=ax+b$ とし，これと $y=x^2$ を連立させることから，$x^2-ax-b=0$ を得ます．
一方，接点の x 座標を p とし，$(x-p)^2=0$ とすることができて（重解を持つので），これら2式を比較することで，a, b の値を求めます．

解法 （1）（Aにおける接線）
接点の x 座標は -2 なので，$p=-2$ です．すると $(x+2)^2=0$ より，$x^2+4x+4=0$ で，$a=-4$, $b=-4$．よって求める式は，
$y=-4x-4$ です．
（Bにおける接線）
今度は $p=4$ なので，$(x-4)^2=0$ より $a=8$, $b=-16$ を得て，$y=8x-16$
（2） これら2直線から，**C(1, -8)**

この問題で，交点の x 座標は1となって，線分ABの中点の x 座標と同一ですよね．つまり話題2で，交わる2直線が接線であっても，成り立っていることが確認できたわけです．

ところで問題3において，右図のように点Cを通り y 軸に平行な直線と放物線との交点をD，直線ABとの交点をEとします．すると，D(1, 1)，E(1, 10) ですから，ED=DCが成り立っています．

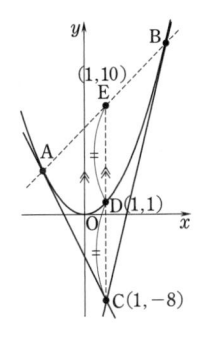

これを一般化させたものが，次の04年の岡山大（文系）の問題です．

問題4. 放物線 $y=x^2$ 上に点A(-1, 1)，B(2, 4)をとる．放物線のAにおける接線を l とする．線分AB上にA，Bと異なる点Pをとる．Pを通り y 軸に平行な直線が l と交わる点をQとし，放物線と交わる点をRとする．このとき次の各問いに答えよ．
（1） l の方程式を求めよ．
（2） QR：RP＝AP：PB を示せ．

右のように図示されます．

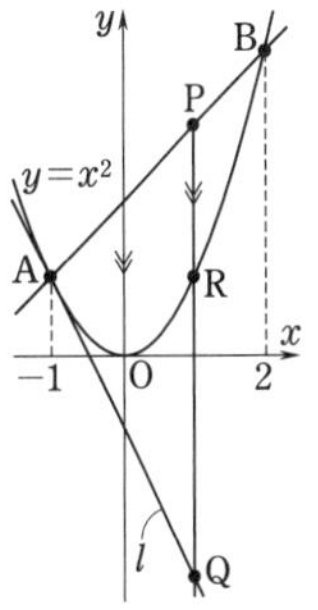

解法 （1） $x=-1$ が重解と考えられ，$(x+1)^2=0$，$x^2=-2x-1$ より，
$y=-2x-1$
（2） 点Pの x 座標を t とします．
そうすると，Qの y 座標は $-2t-1$．ここで，直線ABは $y=x+2$ なので，Pの y 座標は $t+2$．また，Rは t^2．そうすると，
QR：RP＝$\{t^2-(-2t-1)\}:\{(t+2)-t^2\}$
　　　　$=(t+1)^2:(t+1)(2-t)$
　　　　$=\underline{(t+1):(2-t)}$
AP：PB＝$\{t-(-1)\}:(2-t)$
　　　　$=\underline{(t+1):(2-t)}$
以上より，QR：RP＝AP：PB．

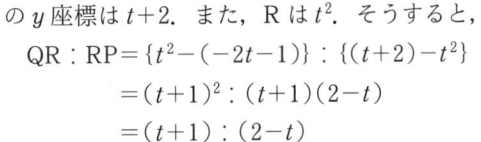

話題3. 右図において，
QR：RP
＝AP：PB
が成り立つ．

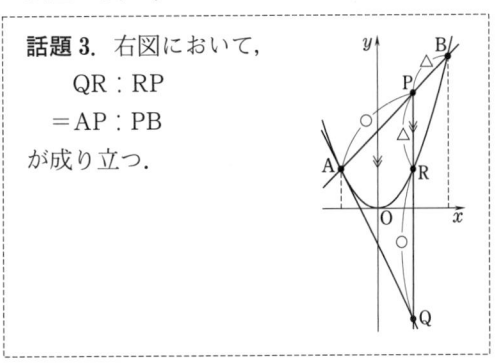

入試を勝ち抜く数学ワザ⑳

放物線の'ヘソ'を探せ

今回はまず，私が以前塾の模試で出題したもの（一部改題）をやってみてください．

問題 1. 地下帝国モグランは，地下15kmにある移動基地Rから，地面と垂直にミサイルZを発射する．

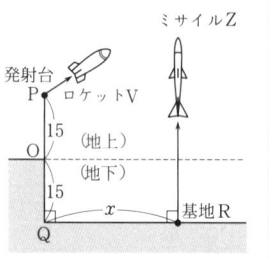

これを受けて，空中王国バードンは，地上15kmの高さにある発射台PからロケットVを同時に発射し，空中でミサイルZを撃破する．

QR=x kmとして，次の各問に答えよ．ただし，ミサイルZとロケットVの速さは同じで，直進するものとする．また長さは考えない．

(1)① 右図で，ロケットVがミサイルZを撃破する地点Sはどこか．作図せよ．

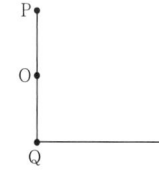

② $x=60$ のとき，SRの長さを求めよ．

(2) 空中王国バードンは，地上の点Oから，これと45°の角度で無人偵察機Wを発射した．このWは，どの地点までは確実にZに打ち落とされずに無事に飛行できるといえるか．その範囲をxを用いて表せ．ただし，ZとVが衝突する地点では，ZはWには衝突しないものとする．

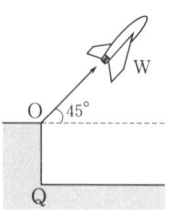

問題を整理すれば，ミサイルZとロケットVの速さは同じだから，撃破地点Sは基地Rと発射台Pから等距離にある場所です．（2）では，Rの位置によって，Sがどのように動くかを考えましょう．

解法 （1）① 2点から等距離にある点の集合といえば，その線分の「垂直二等分線」です．よって，線分PRの垂直二等分線上にあって，SR⊥QRとなる点がそれです．

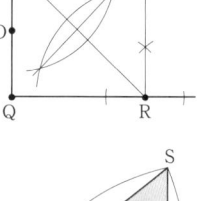

② SP=SR=sとして，右図の網目部の直角三角形で三平方して，**75km**

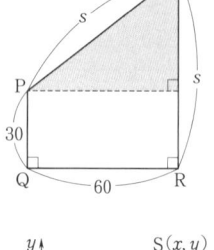

（2） $x=0$ のとき，つまりRがQと一致するとき，SはOと一致しますから，Oを原点とし，右図のようにx，y軸をとって座標平面で考えます．そして，Sの地上面からの高さをy kmとして，S(x, y)の動きを関数を使って追うことにします．

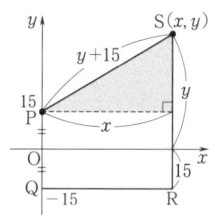

そこで(1)②と同様に三平方して，$y=\dfrac{1}{60}x^2$

したがって点Sは，$x \geqq 0$ の範囲で $y=\dfrac{1}{60}x^2$ 上を動くといえます．そうすると，この放物線より上側の部分（網目）には，ミサイルZが侵入できないことになりますね．

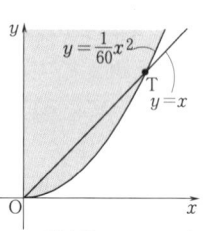

ところで無人偵察機Wは，この座標平面上の$x \geqq 0$の範囲で$y=x$上を動きますから，これが最初にZと出会う可能性があるのは，上図の交点Tといえます．

$x^2/60 = x \Leftrightarrow x^2-60x=0 \Leftrightarrow x(x-60)=0$
より，Tのx座標は$x=60$とわかります．

∴ $0 \leqq x \leqq 60$

Sが放物線上を動くなんて，驚きでしょう．実はこのようにうまくいった背景は，"OがPQの中点"という，大切な設定があったからなのです．

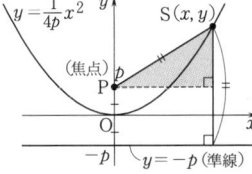

では，これらを右図より確認すると，
$$(y+p)^2 = x^2+(y-p)^2$$
より，$y=\dfrac{1}{4p}x^2$ と表せて，点Sはこの上にあります．そして，この放物線に対して，$y=-p$ を**準線**，点$(0, p)$を**焦点**といいます．したがって，問題1では，"地下面が準線"で"地上の点Pが焦点"であったわけです．

次に，このことを活かして，02年の巣鴨の問題(一部略)をやってみましょう．

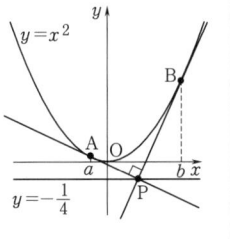

問題 2. 右図のような放物線 $y=x^2$ 上に2点A, B，直線 $y=-\dfrac{1}{4}$ 上に点Pがある．3点A, B, Pは2点A, Bのx座標をそれぞれa, b $(a<b)$とすると点Pのx座標は $\dfrac{a+b}{2}$ であり，つねに $\angle APB=90°$ であるように動く．このとき，$\triangle ABP$ の面積Sの最小値を求めよ．

この問題は，上の説明で$p=1/4$の場合ですから，直線 $y=-1/4$ がこの放物線の準線になっています．そこで，右図のようにA, Bから準線へ下ろした垂線の足をそれぞれ A′, B′として，A, Bを中心に持ち，それぞれの半径がAA′, BB′であるような円を描くと，これらはともに焦点Q$(0, 1/4)$を通りますが，実はここで接しています(☞注)．

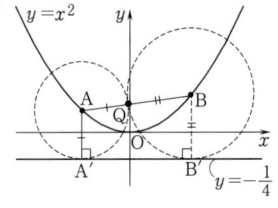

解法 右の2つの点線円の接点をQとすると，3点A, Q, Bは一直線上にあり，またA′P=B′Pよりに2円の共通内接線とA′B′の交点なので，AB⊥QPです．

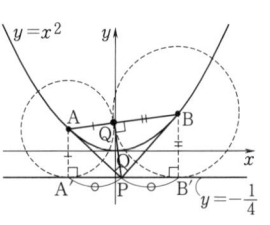

よって，$\triangle ABP=AB\times QP\times 1/2$ ………①
と計算できます．

ここで，AB≧A′B′，また，接線の性質から，A′P=B′P=QPがいえますから，
$$A'B'=2QP$$
よって，①$\geq$A′B′×QP×1/2=QP^2
となり，QPの長さが最も短いときに，$\triangle ABP$ の面積Sが最小になることがわかります．

そこでQPの長さですが，Qは定点$(0, 1/4)$ですから，これが最小となるのは，Pがy軸上にあるとき(右図)です．

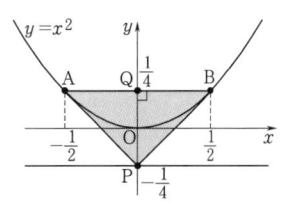

以上により，Sの最小値は，
$$1\times\dfrac{1}{2}\times\dfrac{1}{2}=\dfrac{1}{4}$$

いかがでしたか．"焦点"はまさに"ヘソ"と呼ぶにふさわしい活躍だったとは思いませんか．便利でしょう(準線や焦点は，高校で習います)．

➡**注** もし"2点で交わっている"としたならば，A′P=B′P…㋐より，Pは2円の共通弦の延長上にあり，右図のようになる．

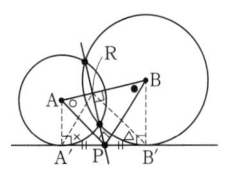

ここで，4点A, A′, P, RとB, B′, P, Rは同一円周上にあるから，×=○，△=●
○+●=90°だから，×+△=90°
これと㋐より，RP=A′P
∴ $\triangle ARP\equiv\triangle AA'P$
∴ AR=AA′
よって，ARは(BRも)円の半径になるから，右図のように2円は接している．

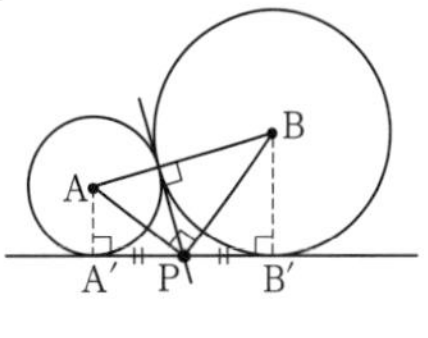

➡**注** 2円が離れていても同様にできます．

入試を勝ち抜く数学ワザ㉑

押さえておこう "直角双曲線" にできること

直角双曲線の性質を射抜いた 01 年の開成高校の出題(一部改)をやってみましょう．直角双曲線とは，'反比例のグラフ' のことです．

問題 1. 双曲線 $y=\dfrac{1}{x}$ の $x>0$ の部分にある点を $P(s, t)$ とし，$F(\sqrt{2}, \sqrt{2})$，$F'(-\sqrt{2}, -\sqrt{2})$ とする．

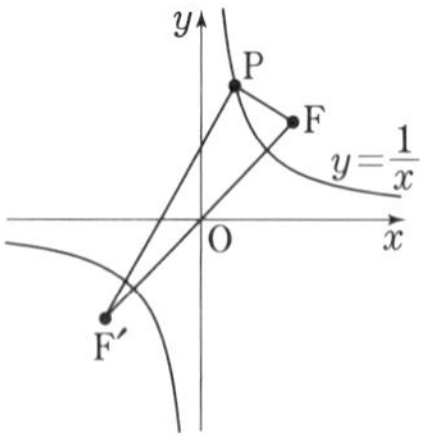

（1） PF と PF′ の長さを利用することで，PF′−PF の値を求めよ．

解法 （1） $PF^2 = (s-\sqrt{2})^2 + (t-\sqrt{2})^2$
$= (s^2+t^2) - 2\sqrt{2}(s+t) + 4$
$= (s+t)^2 - 2st - 2\sqrt{2}(s+t) + 4$ ……①

点 P は双曲線上の点だから，その式へ s, t を代入し，$st=1$ を得ます．これを利用し，
①$= (s+t)^2 - 2\sqrt{2}(s+t) + 2$
$= (s+t-\sqrt{2})^2$
$PF = \sqrt{(s+t-\sqrt{2})^2}$

➡**注** 図より，点 P の載る双曲線は，$y=-x+2$ で分けられた領域より右上側にあり，点 P の両座標の和 $s+t$ は $s+t \geq 2$ となる．よって上式の右辺において，( ) > 0 である．

これより，
$PF = s+t-\sqrt{2}$
同様にして，
$PF' = s+t+\sqrt{2}$
以上これらから，
$PF' - PF = 2\sqrt{2}$ （…*）

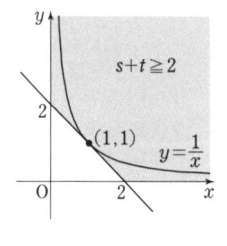

特筆すべきは，双曲線上のいずれに点 P をとっても * の値が一定なことです．もちろん $x<0$ の場合であっても同様です．

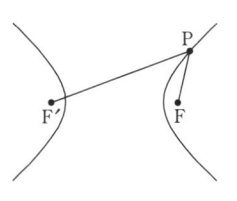

<定義> 双曲線とは '二定点からの距離の差が一定の点の集まり' で，またこの二定点を '焦点' という．

➡**注** PF′+PF のように '二定点からの距離の和が一定' ならば，右図のような楕円となります．

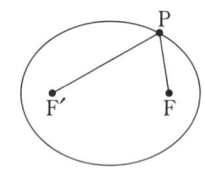

さらに続きがあります．

（2） 直線 l が点 P で双曲線と接するとき，
① 直線 l の式を s で表せ．
② 直線 l と線分 FF′ との交点を Q とする．このとき，直線 l が ∠FPF′ を二等分することを証明せよ．

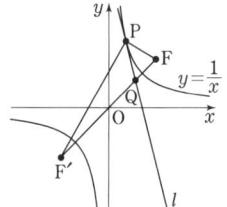

直線 l を $y=ax+b$ と置き，$y=\dfrac{1}{x}$ と連立して，$x^2 + \dfrac{b}{a}x - \dfrac{1}{a} = 0$ （…※1） を得ます．この未知数 x が表すのは点 P の s の値です．

①では '接する ⇔ 交点がただ1つ ⇔ 重解' の流れから考え，②は①の結果から「角の二等分線定理の逆」を用います．

解法 （2） ① x のただ1つの解 s を導くのに $(x-s)^2=0$ と置き，$x^2 - 2sx + s^2 = 0$ と崩して ※1 と比較します．$a=-\dfrac{1}{s^2}$, $b=\dfrac{2}{s}$ となって，直線 l の式は，$\bm{y = -\dfrac{1}{s^2}x + \dfrac{2}{s}}$ です．

② 直線 FF′ の式は $y=x$ で，これと①より，点 Q の x 座標は

$\dfrac{2s}{s^2+1}=\dfrac{2s}{s^2+st}=\dfrac{2}{s+t}$ です.

FQ:QF′$=\left(\sqrt{2}-\dfrac{2}{s+t}\right):\left(\dfrac{2}{s+t}+\sqrt{2}\right)$

$=(s+t-\sqrt{2}):(s+t+\sqrt{2})=$PF:PF′

なので,「角の二等分線定理の逆」が成り立ち,二等分されることが証明されます(☞ 注).

➡注 'ある定点から照射され双曲線で反射する光' がどこに向かうかを示しています.

もし定点 F を出て点 P で反射したとすると, 点 P を通る接線を引き ∠FPQ=∠SPR とし, 光が向かう点 S を得ます. ここで3点 F′, P, S の位置関係は, 右図より示されるように一直線上にあり, 点 S は F′P を延ばしたその延長上にあることがわかります.

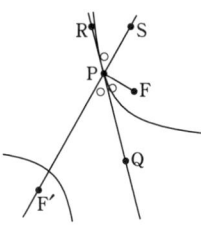

> 一つの焦点から出て双曲線で反射した光は, もう一方の焦点から出た光のように見える.

次の一題は, こちらも興味ある性質です.

問題 2. 図のように双曲線上に3点 A, B, C をとる.

このとき, この △ABC の垂心 H も双曲線上にあることを示せ.

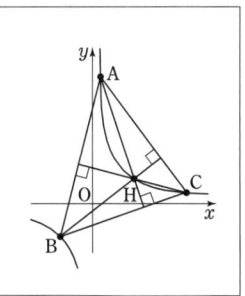

証明 双曲線の式を $y=\dfrac{k}{x}$ と置き, A$\left(a,\dfrac{k}{a}\right)$, B$\left(b,\dfrac{k}{b}\right)$, C$\left(c,\dfrac{k}{c}\right)$ とします.

ここでの直線 AB の傾きは $-\dfrac{k}{ab}$ で, 点 C を通り AB と垂直な直線の式は,

$y=\dfrac{ab}{k}x+\dfrac{k^2-abc^2}{ck}$ (…※2)

また, 点 B を通り AC と垂直な直線の式は,

$y=\dfrac{ac}{k}x+\dfrac{k^2-ab^2c}{bk}$ (…※3)

頂点から対辺に引かれた3本の垂線は必ず1点で交わることから, ※2・3 ですでに H の座標が計算できます.

H$\left(-\dfrac{k^2}{abc},-\dfrac{abc}{k}\right)$ となり, これを先ほどの双曲線の式に代入すると成り立つので, 題意が示されました.

➡注 3点共に $x>0$ あるいは $x<0$ の場合も成り立ちます.

最後にもう一つ.

問題 3. 図において双曲線上の点 A, A′ は原点について対称である.

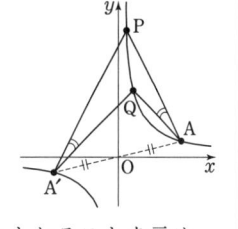

続いて2点 P, Q を双曲線上にとるとき, ∠PA′Q=∠PAQ となることを示せ.

証明 A$\left(a,\dfrac{k}{a}\right)$, A′$\left(-a,-\dfrac{k}{a}\right)$, P$\left(p,\dfrac{k}{p}\right)$, Q$\left(q,\dfrac{k}{q}\right)$ と置きます.

直線 PA, PA′, QA, QA′ それぞれの傾きを示すと, $-\dfrac{k}{ap}$ (…①), $\dfrac{k}{ap}$ (…②), $-\dfrac{k}{aq}$ (…③), $\dfrac{k}{aq}$ (…④) であって, ∠PA′Q は傾き②, ④の2直線からなり, ∠PAQ は傾き①, ③から作られます.

ここで, ①と②, ③と④はそれぞれ x 軸についての作る角が等しく, 対のようになっているので, ∠PA′Q と ∠PAQ が等しいことがわかります.

➡注 右図のような位置関係にあるときは, 補角をなします.

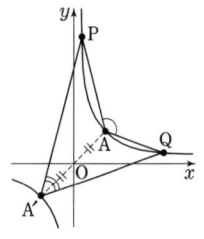

入試を勝ち抜く数学ワザ㉒

'最大'を
グラフでみる

"たぶん○○だろう"と，予測に頼っている最大(最小)問題を，"いかに明確に示すか！"これを，今回のテーマに選びました．

その方策は，『Ⓐ与えられている制約を，座標平面上で**領域**にする』，次に『Ⓑ問われている大きさや量を**グラフ化**』し，ここで"Ⓐを通過するようなⒷの式"のうちから，『Ⓒ最大(最小)の**条件を満たす式を探り当てる**』ことです(このためには，グラフの通る点を絞り込む)．こうすれば，誰しもが決定的な解を得られるのです．

では第1問です．まず97年の慶応義塾の図形問題からやってみてください．

問題 1. 4つの内角だけが鈍角で，他に90°をこえる内角をもたない n 角形をつくることができる n の中で，最も大きいものを求めよ．

5角形，6角形，…と順に描いていってもいいのですが…．

解法 辺の数が増えれば，内角の和は当然増加します．その一方，外角の和は360°で常に一定なので，ここに着目します．そこで，

① 内角が90°より大きい角
　　⇒それら1つの外角を $y°$ とする
② 内角が90°をこえない角
　　⇒それら1つの外角を $x°$ とする

として，これら x, y の変域を考えると，

①' 外角は90°より小さいので，$0 < y < 90$
②' 外角は90°以上なので，$90 \leq x < 180$

ですから，これを座標平面上に色を付けて表してみましょう，つまり，これが領域Ⓐです．

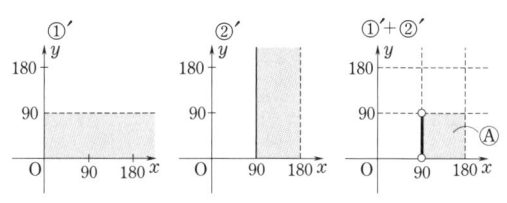

ここで，内角が90°をこえない角が m 個あるとします．'外角の和は一定'ですから①②などより，$4y + mx = 360$ が成り立ち，これを変形します．$y = -\dfrac{m}{4}x + 90$ (…Ⓑ)

そして，このⒷが，Ⓐ(①'+②'の図)を通ればいいのですね．

ところで，自然数 m は直線の傾きを担っていて，傾きの絶対値 $m/4$ は，点Pを通るときに最大になります．

したがって $m < 4$ (端は含まない)から，m の最大値は $m = 3$ で，よって，$n = 4 + m = 4 + 3 = \mathbf{7}$ となります．

私は外角を使って解きましたが，もちろん内角からでも大丈夫ですよ．興味のある人はやってみてください．

続いては，97年の早実の文章題(誘導略)です．こちらは，グラフがより分かり易くするというよりも，これなしでは困難と思われる難題です．

問題 2. 右の表は，製品A, Bを1kg作るのに必要な材料P, Q, Rの量(単位はkg)を表したものである．

	P	Q	R
A	0.2	0.4	0.4
B	0.1	0.6	0.3

材料Pは38kgしかなく，材料Qは120kgしかなく，材料Rは78kgしかない．作ることのできる製品A, Bを合わせた量の最大値を求めよ．

'こっちを増やせば，あっちが減って'と，とにかくバランスの問題です．また，「AとBを合わせて最大」とは，「できるだけムダなく作る」ことです．

解法 製品Aをx(kg), Bをy(kg)作るとして, 右表のようにします.

	P	Q	R
A	$0.2x$	$0.4x$	$0.4x$
B	$0.1y$	$0.6y$	$0.3y$
最大	38	120	78

まずPについて, '38kg全てを使う' とは限りませんから, $0.2x+0.1y≦38$と立式でき,
$y≦-2x+380$ (…①)
です(色の濃い部分すべてが範囲です($x>0$, $y>0$)).

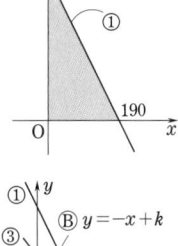

同様にQは,
$y≦-2/3x+200$ (…②),
Rは,
$y≦-4/3x+260$ (…③)
で, これら①②③を同時に満たすのは, 右の太枠の領域Ⓐです.

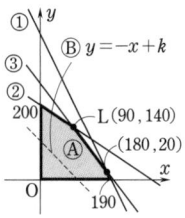

そして, この内であれば, どの点に対応するx, yを選んでも, 製品A, Bを作ることが可能なのです.

次にⒷですが, AとBを合わせた量をk ($x+y=k$)とすれば, $y=-x+k$と変形できます. ここでkは, 直線の切片の役割ですから, ⒷがⒶのいちばん上側を通るときが最大値Ⓒで, 下からどんどん持ち上げていけば, 図の点L(90, 140)を通る時とわかります.

∴ $k=230$(kg)

この考え方は, "**線形計画法**(LP問題)"と呼ばれ, 実際に工場の在庫管理などに役立っているのです.

最後は, 98年の筑波大附の'点の移動'をもとにした図形問題(誘導略)です.

問題3. 右の図のように, 直線l上の定点Oと, l上を動く2点P, Qそれぞれを端とする線分OA, PR, QSがあり, それらはいずれも直線lに垂直である.

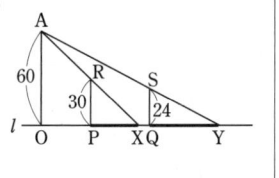

2点P, Qはそれぞれ毎秒6, 3の速さで直線l上を右へ動き, 点Pが点Oを通過したとき, 点Qは点Oの右48の地点を通過した.

直線AR, ASが直線lと交わる点をそれぞれX, Yとするとき, 2つの線分PXとQYの重なった部分の長さが最も長くなるのは, 点Pが点Oを通過してから何秒後か.

'ここだろう'と当たりはつくのですが, 果たしてそれは本当でしょうか.

解法 $OX=12x$(…①), $OP=6x$(…②)で, PXの長さを座標平面上で表せば, 下図左の太線で, これは色付部分をy軸と平行に動きます.

続いて, $OY=5x+80$(…③), $OQ=3x+48$(…④)で, QYも同様に表せます(下図右).

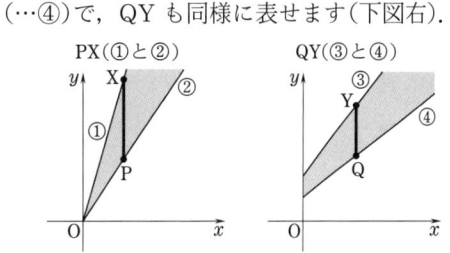

そして, 線分PXとQYの重なりの部分は, 上の'2つの図の重なった太枠部分Ⓐ'です.

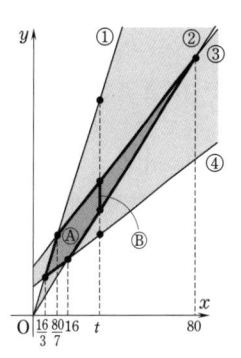

ここでⒷはy軸と平行ですから, t秒後の長さは,
$16/3≦t≦80/7$のときは「直線①−④」で考えて, $80/7≦t≦16$は「③−④」, $16≦t≦80$は「③−②」として, 続いてはそれを右のようにグラフにします. こうすればⒸは一目瞭然, $t=16$(秒)とわかります.

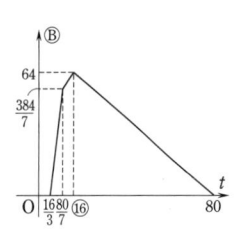

入試を勝ち抜く数学ワザ㉓

観点を変える "v-tグラフ"

「60kmの道のりを時速30kmで進むと，それに要するのは2時間である．」これをダイヤグラムで表せば，右のようになります．横軸に時間，縦軸に距離をとることで，直線の傾きが速さ$\left(=\dfrac{距離}{時間}\right)$を表します．

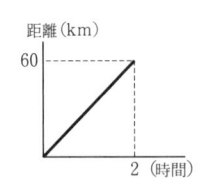

ところでこのグラフ，もし縦軸に速さをとったとするとどうなるでしょうか．これは，一定である速さが平らな直線として表せて，さらに網目をつけた部分の面積を，距離(＝時間×速さ)と見ることができます．

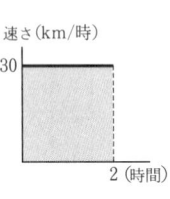

この一風変わったグラフ，物理では "v-tグラフ" とよばれる定番なのです．

そこでこのグラフ，数学でも活かせないかな？と思っていたら，やっぱりありました．最初は，02年の早実の問題です．

> **問題 1.** A市からB市まで自動車で時速$a$kmで行くと，所要時間はh時間(…①)である．また，時速を$a$kmから10km増すと所要時間が15分短縮され(…②)，時速を$a$kmから20km増すと所要時間が25分短縮される(…③)．A市からB市までの距離を求めよ．

①，②，③のいずれの場合も自動車の走った距離は等しいので，v-tグラフにおける，長方形の面積は等しくなります．このことを利用しましょう．

解法 まずは①(太枠)，②(点線枠)の事柄についてv-tグラフを描くと…．そうすると，網目部の面積は等しいから，

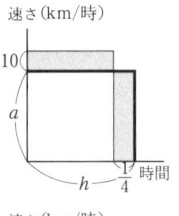

$$\dfrac{1}{4}a = 10\left(h - \dfrac{1}{4}\right) \quad (\cdots *1)$$

また①，③(鎖線枠)について，同様にして，

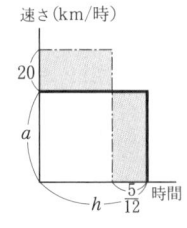

$$\dfrac{5}{12}a = 20\left(h - \dfrac{5}{12}\right) \quad (\cdots *2)$$

これら*1，*2を解くことで，$h = \dfrac{5}{4}$，$a = 40$ が導かれます．よって距離は，$ah = 40 \times 5/4 = \mathbf{50 \, (km)}$ といえます．

この問題，何も面積なぞ持ち出さなくともいいのに，とうんざりしないでくださいね．あくまで，練習としてですから．

次もなかなか使えますよ．00年の同志社(一部略)で，これはモロ，高校物理からの出題といえます．

> **問題 2.** 初速度am/秒で投げ下ろされた物体のt秒後の速さvm/秒は$v = a + 10t$で表されるものとする．
> (1) 初速度$a = 5$m/秒のとき，投げ下ろされてから2秒後から3秒後の1秒間に物体が落下した距離を求めよ．
> (2) ある高さから初速度$a = 0$m/秒で落下する物体Aが落下し始めるのと同時に，同じ高さから物体Bが初速度$a = 30$m/秒で投げ下ろされた．Bが地表に着いてから2秒後にAが地表に着いた．AとBが落下した距離を求めよ．

t秒後の速さvは$a + 10t$と表せる，ということは，まあaはともかく$10t$が曲者ですね．なぜならこれは，時間により速さが変化するからで，例えば1秒後では$v = a + 10$，5秒後では$v = a + 50$となって，中学生にはもはやダイヤグラムで表すことは困難といえます．

ということで，v-tグラフの登場となって，右はそれを示したものです．かなり鮮明になった，と思いませんか．

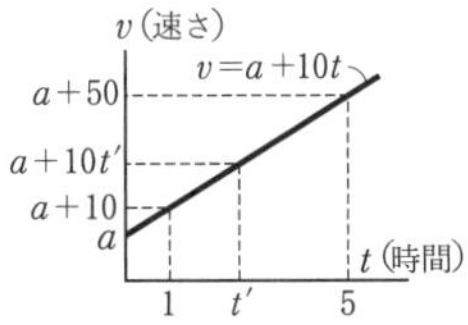

解法（1） $a=5$ から，$v=5+10t$ と表せます．そして，$t=2\sim3$ に物体の落下した距離は，右図の網目部の面積です．

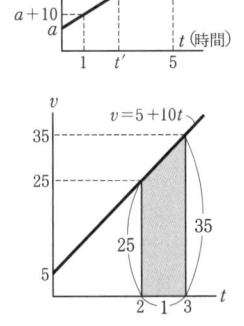

そこで，$t=2, 3$ の時のそれぞれの速さは 25，35 で，台形の面積は 30，つまり，**30 m** といえます．

（2）B が落下しはじめてから地表へ着くまでの時間を t' とします．そこでまず，B（太枠）においての面積を計算すれば，

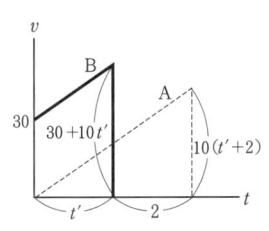

$$\{30+(30+10t')\}\times t'\times\frac{1}{2}$$
$$=5t'^2+30t' \quad (\cdots*3)$$

続いて，A（点線枠）を計算すると，

$$(t'+2)\times10(t'+2)\times\frac{1}{2}$$
$$=5t'^2+20t'+20 \quad (\cdots*4)$$

ここで，物体 A と B の落下した距離は等しいから，$*3=*4$ がいえて，

$$5t'^2+30t'=5t'^2+20t'+20 \quad \therefore\quad t'=2$$

よって，これを $*3$ へ代入することで，

$$5\times2^2+30\times2=80$$

なので，落下した距離は **80 m** です．

この v-t グラフのいちばんのおいしいところは，**速さの変化に対応が効く**ことです．例えば問題 2 では，ダイヤグラムで表すとなると，中学の範囲を越える放物線（$y=ax^2+bx+c$）が出てくるので，手も足も出なくなります．

そして最後に，初出の問題です．

問題 3. A 君は，時間と共に一定の割合で速度を増す自動車を手に入れた．出発してから 0.1 秒後の速さは 0.1 m/秒，0.5 秒後の速さは 0.5 m/秒，2 秒後の速さは 2 m/秒というようにである．

（1）出発後 5 秒間に進んだ距離を求めよ．

（2）B さんは，速さが一定で 20 m/秒の自動車に乗っている．いま自動車 A，B は，同地点から同方向に同時に出発した．

① 自動車 A が自動車 B に追いつくのは出発してから何秒後か．

② ところが自動車 A は追い越した瞬間に，今度はさきほどと同じ割合で，どんどん減速しはじめた．この自動車 A が自動車 B に追い抜かれるまでに走った距離を求めよ．

自動車 A の動きは，v-t グラフにより右のように表されます．

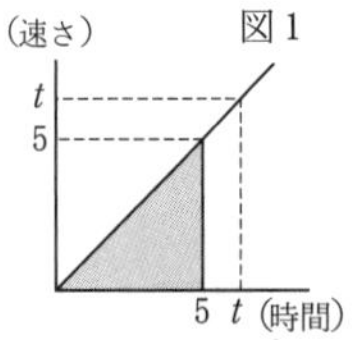

解法（1） t 秒後の速さは t m/秒ですから，5 秒後は 5 m/秒です．

そして，走った距離は図 1 の網目部となるので，

$$5\times5\times\frac{1}{2}=\frac{25}{2}\,(\text{m})$$

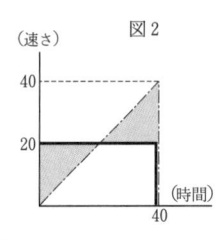

（2）① 自動車 A が B に追いつくまでに，A と B が走った距離は等しいので，図 2 の太枠と鎖線枠で囲まれた図形の面積は同じになります．つまり網目部の面積が等しいことから，合同といえます．$\therefore$ **40 秒後**

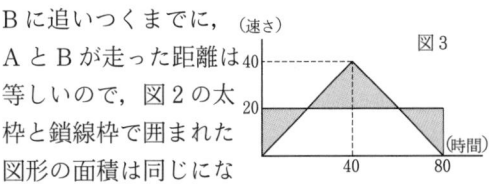

② 図 3 のグラフより，B が A に追いつくのは，80 秒後だから，$80\times20=$**1600（m）**

いかがでしたか．このグラフ，役に立つでしょう．是非皆さんのアイテムの 1 つに加えてください．

コラム②

'チョコ電' が走る

　鎌倉と藤沢の間をトコトコと走る"江ノ電"（江ノ島電鉄線）は，湘南を描くには欠かせない存在です．たった4両（ときに2両）でしかも単線．昔ながらの床が板張りの車両から，近代的でアナウンス付きのものまで入り交じった編成です．中でもこげ茶色の車両は"チョコ電"の愛称で親しまれる人気者ですよ．

　只今10時．それではチョコ電に乗って，鎌倉駅を出発進行！湘南の街を走ってみましょう．
　まずは，海水浴客で賑わう和田塚，由比ヶ浜と停車して，古都の風情を感じつつ大仏のある長谷へ到着すると，対向ホームに別の列車が停車していました．初めて対向列車と遭遇．そうなんです．なんてったって単線ですから，ところどころでこういった列車交代があるのです．
　では出発します（10：05）．最も鎌倉らしい極楽寺駅に停車した後は稲村ヶ崎．ここで二度目の列車交代が終了し（10：11）出発です．
　しばらくして左手を眺めると，家々の切れ目から海がのぞけます．これが，ボードを手にした若者が目立つ七里ヶ浜あたりになると，目の前にパッと湘南の海が開けてきます．ところが，ボーッと海を眺めていると突然停車．いったいどうしたのかな，と不安に思っていたところ，すぐ隣を別の列車が通過していきました（10：17）．実は駅間での列車交代だったのです．つかの間の小休止でしたが，イライラしてる乗客は一人もいませんよ．なぜなら待っている間中，車内からずっと海を眺めていられるからです（後方の車両からは残念ながら見えません）．
　それはさておき，次は鎌倉高校前です．ここは駅が海に向かっている名所．絶景ですよ．ここでもボード片手の若者が待っています．

　もっともっと満喫したいところですが，もう海とはお別れです．腰越を過ぎ，人や自転車，車をかき分けながら進み（さながら路面電車です），観光スポット江ノ島に到着すると，反対ホームには列車が待機していました．
　交代して出発です（10：23）．湘南海岸公園を過ぎ，鵠沼（10：29）で列車交代．柳小路，石上と通って，終点藤沢へ到着となりました（10：34）．
　34分のチョコ電での旅，いかがでしたか．ちなみに列車の運行本数は，鎌倉，藤沢両駅からともに00，12，24，36，48分に出発（1時間に5本）しますので，時刻を気にする必要はありませんよ．
　おっといけません．少しやりすぎました．旅番組ではなかったですね（笑）．本題に戻すため，この旅？のポイントをまとめておきましょう．

A．鎌倉，藤沢双方から等間隔12分で発車．
B．列車交代が5回ある（例では，10：00に出発し，5，11，17，23，29分で，34分に到着です）．

　江ノ電の良さは，何も観光だけではありませんよ．"単線"という制限の下，最良の利便性を追求していることを，これから明らかにします．
　まずはいい加減に，鎌倉発を0，10，30，36分としたダイヤを組んでみます（図1）．次に今度は，藤沢発の列車を適当に0，15，40分として，これを重ねて描いてみ

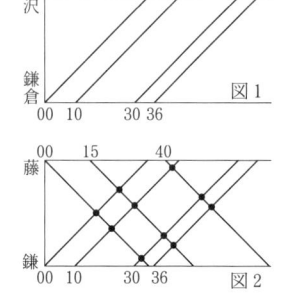

ます（図2）．すると，直線どうしの交点がいくつもできますよね．ここは対向列車どうしが出会う場所なので，先ほどの言葉を借りれば，'列車交代の地点'といえます．

そしてこの黒印のみに着目した，図3を見てください．鎌倉寄りから順に，①，②，…と番号を振ると，藤沢の手前では⑩にまでなっています．つまりこの例では，「列車交代を10回も行う」ことになりそうです．そう考えると，これはあまり良い例ではありませんよね．その原因はやはり，"いい加減にダイヤを組んだ"ことにあるようです．

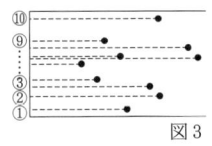

それを証明するために，今度は図4のように，20分間隔で規則正しく組んでみます．すると今度は黒印は横にきれいに並んで，交代も3回ですんでいます．やはり等間隔に列車を出発させることは重要なのです（Aの実証）．

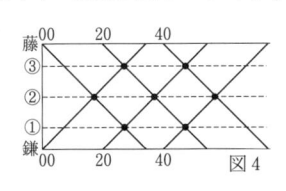

列車の間隔をさらに縮めて10分にすると（図5），今度は先ほどより多く交代は7回です．つまり，**ダイヤが密になれば，より多くの交代が必要**なのです．そこで，この関係を少し掘り下げてみましょう（間隔を x 分，交代の数を y 回）．

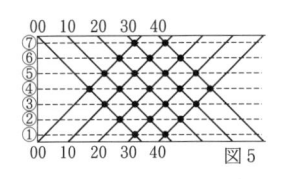

まず，図6は $x=34$ で，このとき，鎌倉と藤沢の両駅を除けば $y=1$ がわかります．

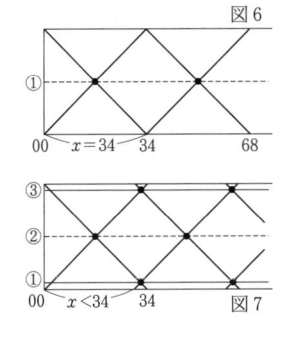

さらに，x を34より小さくしてみましょう（図7）．すると y は一気に2増えて，$y=3$ となることが見てとれます．ではいったい，$y=3$ となる x はいくつなのかと調べると，図8から，$x=17$ のときまではいえるのですが，17より少しでも小さくすると（図9），$y=5$ となってしまいます．

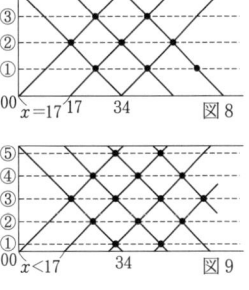

もう，予測がつきましたね？つまり，

$x \geq 34$ $y=1$
$34 > x \geq 17$ $y=3$
$17 > x \geq 34/3$ $y=5$
…

となっていくようです．ちなみに実際は $y=5$ でしたから，このときの $x=12$ は $34/3=11.3\cdots$ に近いこと，つまり**12分間隔は極めて効率がいい**ですね（AとBとの連関）．

ところで，図9をもう一度見てください．鎌倉〜①と，⑤〜藤沢までの間隔は等しく，残りの①〜②，②〜③，…はまた別に等しくなっていることに気づきましたか．実際に**鎌倉から長谷までと，鵠沼から藤沢まではともに5分で，残りはきちんと6分ごとに区切られている**でしょう（図10）．

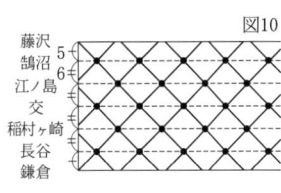

自分が考えるに，もとは図11のように作ってから，上下の色の濃い部分をカットしてダイヤを組んだのかと，推測できます．もしそうだとしたならば，本当にうまく作られていますよね．

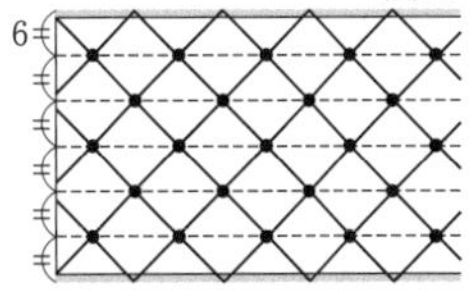

これは補足ですが，このダイヤで運行するには，全部で何編成が必要かわかりますか？いちばん最初に長谷ですれ違った列車とは，帰りに鵠沼で出会いますから，そう，自分も入れて6編成ですね．

入試を勝ち抜く数学ワザ㉔

"補助線"の基本を固める

"補助線を引くこと"，これは数学が苦手な人にとっては，永遠の課題でもあります．

- やったことないよ．どう引いたらいいの？
- 引き方たくさん教わったけど，どれを使えばいいの？

と，今まで悩んでいた人，今回の講義は絶対に読んでくださいね．

ところで今回のルールはただ1つ，'メネラウス''チェバ'を使わないこと．

ではさっそく…．

問題 1. 次の各図において，$x:y$の値を最も簡単な比で答えよ．
(1)　　　　　　　　(2)

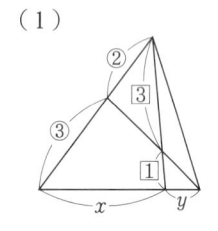

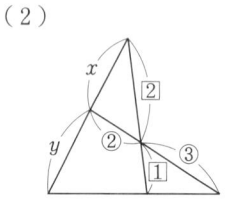

手馴れた人にとっては，(1)などは楽勝の部類に入るのではないでしょうか．ですが(2)は侮ってはいけません．'メネラウス'に頼ろうとすると，かえって遠回りですよ．

解法． まずは右上図のように，"比の明らかな線分"と"求めようとする線分"に色をつけます(太線)．このとき(1)の点線のような，分割されない線分(四角形と向き合う三角形の辺)は，消しておくと分かり易いです．

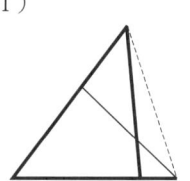

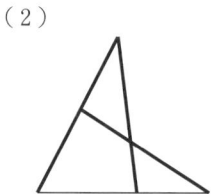

(1)　　　　　　　　(2)

そこで重要なのが，"色のついていない(残りの)線分"です．なぜなら，**これの平行線を引くことで，問題が解決するからです．**
(1)　　　　　　　　(2)

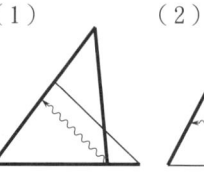

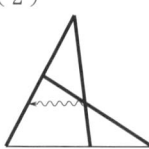

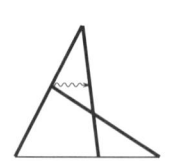

上図は'残りと平行'で，**線分の交点を通る**補助線です．ところで(2)は，2種類引けますが，これはどちらを使っても解けますよ．私は左で解きましたが，皆さんのやり易い方で！
(1)　　　　　　　　(2)

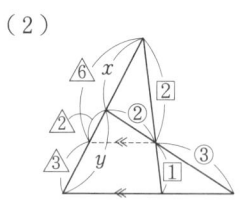

上図より，$x:y$は，(1) $7:2$，(2) $4:5$

基本事項　＜補助平行線の引き方＞
① 「(比が)明らか＋(比を)求める」線分を色でなぞる．
② 残った線分に平行な補助線を，交点を通るように引く．

もちろん他にもいろいろな引き方がありますが，とりあえずは実践してみてください．一つひとつの問題についてやり方を考えたり，変えたりするのは，上の事項をしっかりとマスターした後ですよ．

続いてはちょっと難しめですが，さきほどの事柄を身に付けていれば怖いことはありません．

問題 2. 次の各図において, $x:y$ の値を最も簡単な比で答えよ.

(1)　　　(2)

(3)　　　(4)

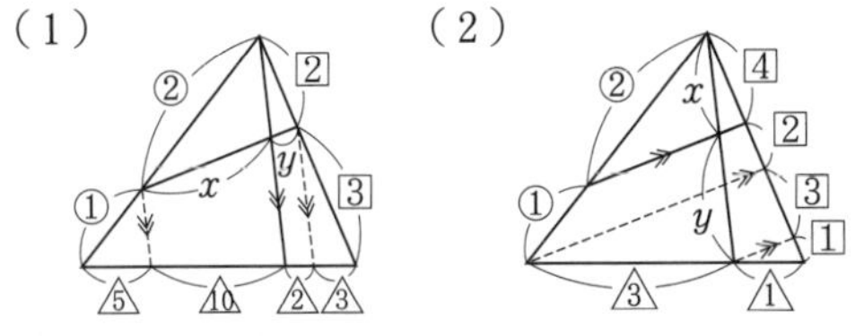

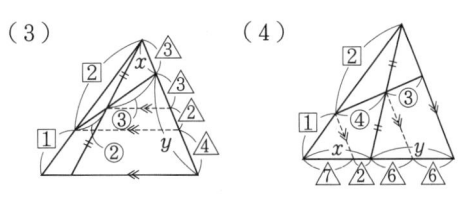

$x:y$ は, (1) 5:1, (2) 4:5, (3) 1:3, (4) 3:4

さらに2題. もっと複雑なものに挑戦です.

問題 3. 次の各図において, $x:y$ の値を最も簡単な比で答えよ.

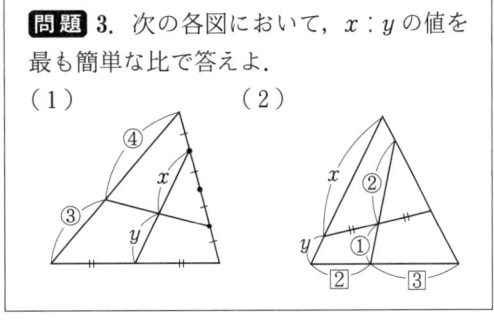

(1)　　　(2)

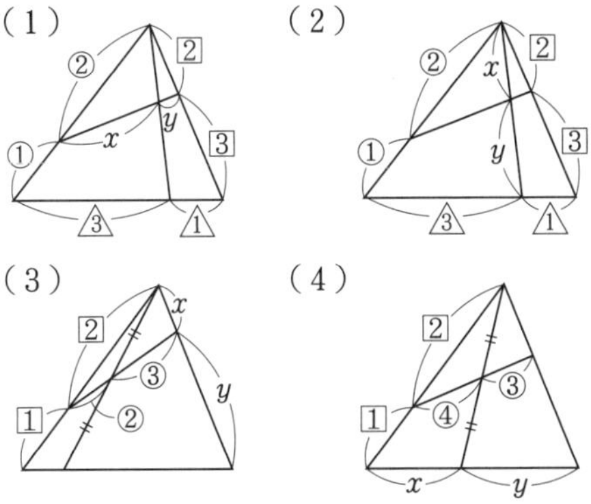

解法. まずは色を付けて…,

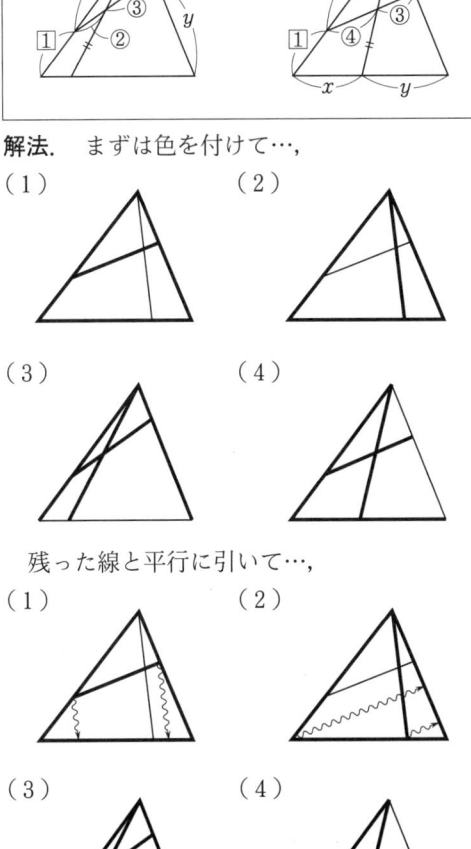

(1)　　　(2)

(3)　　　(4)

残った線と平行に引いて…,

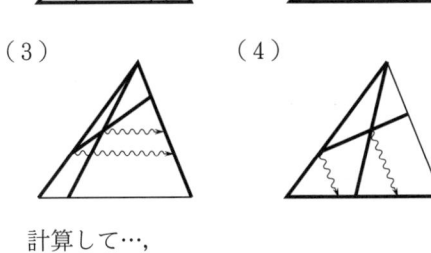

(1)　　　(2)

(3)　　　(4)

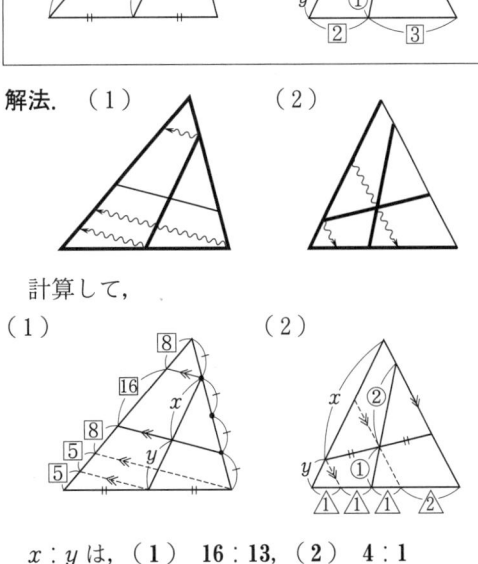

計算して…,

(1)　　　(2)

解法. (1)　　　(2)

計算して,

(1)　　　(2)

$x:y$ は, (1) 16:13, (2) 4:1

いかがでしたか. これまで '的確な' とか '最良な' という堅っ苦しい言葉にばかりとらわれていませんでしたか? あまりこれにこだわりすぎると, 逆に手や思考が「パタッ」と止まってしまい, これ以上先へは進めなくなります.

特に苦手な人は, まずは"答えを出すことが先決"と逆に割り切ってしまった方が, 意外に上達するのかもしれません.

55

入試を勝ち抜く数学ワザ㉕

ロバも知る，対称点の話

「一頭のロバが，小屋へ戻る途中，川へ寄って，水を飲みたくなった．だがロバは重たい荷物を担がされていたので，できるだけ近道をしたい．では，川岸のどの地点で水を飲み，小屋へ向かえばよいか．」

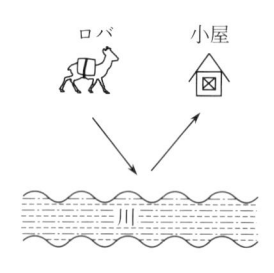

この事柄は，昔からたいへん有名で，通称"ロバの定理"などとも呼ばれます．皆さんなら，どのように考えますか．まあ，みていてください．

まず，問題を単純化するために，川を直線だと仮定しましょう．そして，ロバのいるところをA，小屋の場所をB，ロバが水を飲む地点をPとすれば，AP+PB（…※1）の最小を考えればよいことになります．そこで，点Bを"直線に関して対称に移動"した点をB'とすると，対称性より，

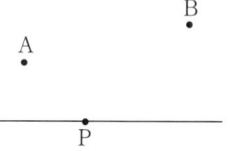

PB=PB'

だから，※1にかわり，

AP+PB'（…※2）

を考えてみます．ところで，※2が最小になるのは，どのような場合でしょうか．それは，これらが一直線になるときですから，PがAB'上にあればよいことがわかり，このようにして，点Pの位置が確定されます（∠APB=90°やAP=BPの場合が最短ではありません）．

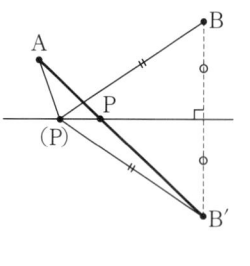

対称点の有難さを感じとったところで，99年の日本女子大附の改題を使って，練習をしてみましょう．今度は三角形の周ですが，方法は同じです．

問題1．図のように，△ABCにおいて，辺BC，AB，AC上にそれぞれ，P，Q．Rをとる．点Pを固定するとき，△PQRの周の長さが最小となるように点Q，点Rの位置を定めよ．

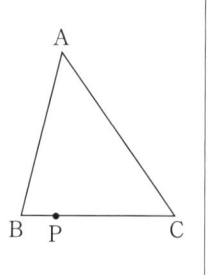

動きうる点は2つですが，ただ1つ固定されているPを対称移動します．

解法 点PをAB，ACについて対称に移動した点をそれぞれP'，P''とする．

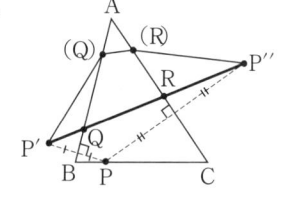

PQ=P'Q，
PR=P''R から，
PQ+QR+RP=P'Q+QR+RP''

となり，これを最小にすればよいから，4点が一直線上にあるときを考えて，QとRを定める．

この方法はロバの話に限らず，反射に関するものも，その一つです．例えば"光"では，入射角と反射角が等しくなることから，対称移動して考えれば，必然的に一直線になります．つまり，光の反射でおこる経路は，ロバの道程と同じであるといえます．

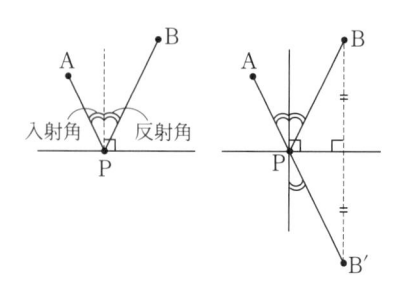

次は，私がある塾の模試で，実際に出題したもので，その性質がもとになります．

問題 2. [図1]のような1辺が1の正五角形 ABCDE がある.

点 A から出た光が, まず辺 BC 上の点 P で反射した後, [図2]のように正五角形の各辺で次々と反射を繰り返し, どこかの頂点へ達するまでこの反射を続ける. しかし, 光が正五角形の辺上を進んだり, また正五角形の外部に出ることはないものとする.

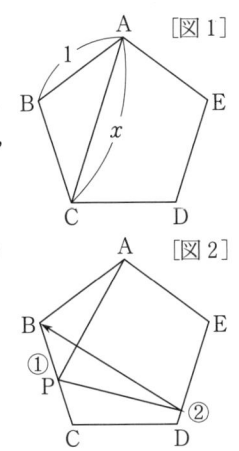

ここで例えば[図2]は, BC 上の点 P で反射した後, DE 上で反射して頂点 B へ達することを示していて, これを2度反射し頂点 B へ達することから, 〈2, B〉と表す.

BP = a として次の各問いに答えよ. ただし, [図1]において, $x = \dfrac{1+\sqrt{5}}{2}$ である.

(1) 〈3, A〉となる a の値を全て求めよ.
(2) 〈4, A〉となる a の値を求めよ.

点 P で反射するのだから, まず, 辺 BC で折り返した図形を考えます. そして次々と, 反射する辺についての, 折り返しをしていきます.

解法 (1) ①…[図3]のようにすれば, 線分 AA_3 は辺 BC, CD_1, D_1E_2 と交わり, [図4]の反射となる. そして, この図形の対称性より, F は D_1C の中点で, また, AB ∥ D_1C より,

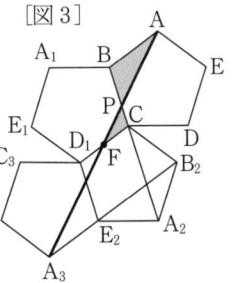

BP : CP
= AB : FC = 2 : 1
∴ BP = $\dfrac{2}{3}$BC = $\dfrac{2}{3}$

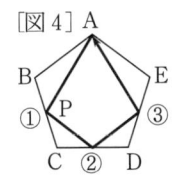

②…[図5]のようにすれば, AA_3 は辺 BC, E_1D_1, B_2C_2 と交わり, [図6]の反射となる.

AA_3 は E_1D_1 について対称だから, $AA_3 \perp E_1D_1$. また, $\angle AE_1D_1 = 72°$ から, $\angle E_1AA_3 = 18°$
よって, $\angle BAP = \angle CAP = 18°$
したがって,
BP : PC = AB : AC
= 1 : $\dfrac{1+\sqrt{5}}{2}$
∴ BP
= BC × $\dfrac{AB}{AB+AC}$
= $\dfrac{3-\sqrt{5}}{2}$

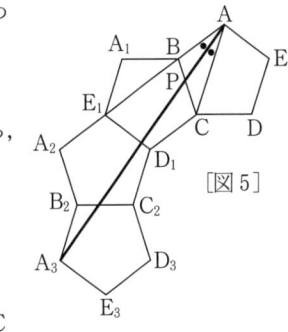

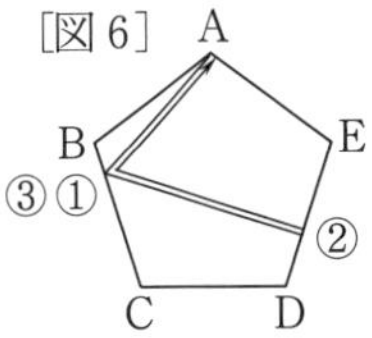

題意を満たすのは, 以上の①, ②だけである.

(2) [図7]のようにすれば, AA_4 は辺 BC, E_1D_1, A_2B_2, D_3C_3 と交わり, [図8]の反射となる.

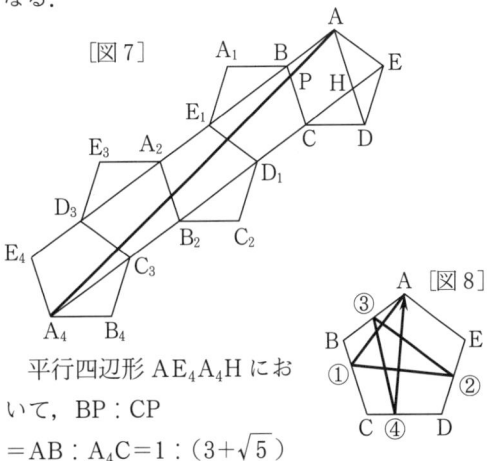

平行四辺形 AE_4A_4H において, BP : CP
= AB : A_4C = 1 : (3+$\sqrt{5}$)
∴ BP = BC × $\dfrac{AB}{AB+A_4C}$ = $\dfrac{4-\sqrt{5}}{11}$

題意を満たすのはこれだけである.

<反射の鉄則>
- 固定された点あるいは図形を, 反射する直線を軸として折り返す.
- そして, それを直線で結んだときの, 軸との交点が反射するポイント(点)となる.

入試を勝ち抜く数学ワザ㉖

"内心Ⅰ"は角から生まれる

内心とは，皆さんご存知のように，内接円の中心のことです．一般に，これをⅠとします．

[性質] 図のように△ABCの内心をⅠとすると，Ⅰと各頂点を結ぶ線は，内角それぞれを二等分することが知られています．

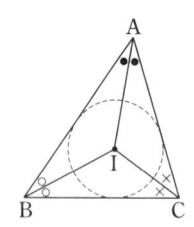

このことは簡単に示せます．図のようにⅠから各辺へ垂線を下ろせば，これらは円の半径と一致するので，IH＝IJ＝IK です．

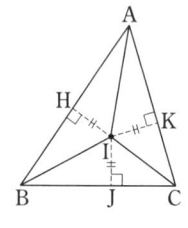

これから，
△AIH≡△AIK がいえるので，
∠HAI＝∠KAI となって，AI によって，
∠A が二等分されることが示されます．こうして同様に，残りの角についても示されるのでした．

次に，性質の逆を考えてみます．
[性質の逆] 三角形のそれぞれの内角の二等分線は一点で交わり，この点を中心とした内接円を描くことができます．

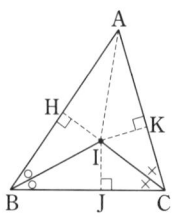

では示します．
∠Bと∠Cの二等分線の交点をⅠとします．このⅠから各辺へ垂線を下ろすと，△HBI≡△JBI，△JCI≡△KCI がいえるので，IH＝IJ＝IK から，△AHI≡△AKI となって，ⅠとAを結ぶ線分は∠Aを二等分することがわかります．

また，IJを半径とする円を描けば，これは△ABCの内接円となります．

それではやってみましょう．まずは，常に出される角度の問題から．

[問題] 1．右図において，内心をⅠとするとき，∠xの大きさを求めよ．

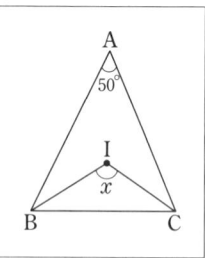

性質にもあるように，角の二等分線の交点がⅠです．
解法 図のようにおくと，
50°＋2○＋2×＝180° 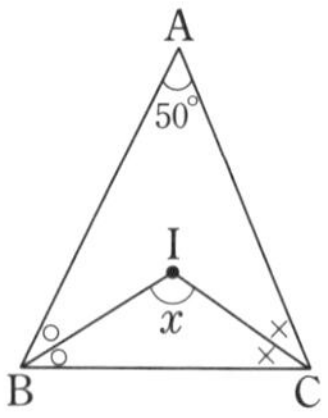
なので，○＋×＝65°
よって，
∠x＝180°−(○＋×)
＝180°−65°＝**115°** となります．

続いても典型的なものです．

[問題] 2．△ABCの内心をⅠとする．
いま，Ⅰを通りBCと平行な直線と辺AB，ACとの交点をそれぞれD，Eとする． 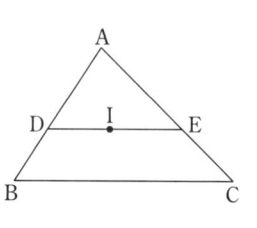
AB＝5，BC＝7，CA＝6のとき，次の各問いに答えよ．
（1） △ADEの周の長さを求めよ．
（2） DE の長さを求めよ．

とりあえず，ⅠとB，Cを結んでみましょう．平行から何かが見えてくるかもしれません．
解法 （1） まず，∠Bにおいて，
∠DBI＝∠IBC
がいえます．また，DE∥BC より，
∠IBC＝∠BID
となります．

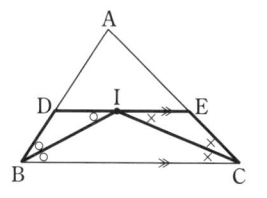

つまり，△DBI は DB＝DI（…＊1）とわかります．こう考えて，
AD＋DI＝AD＋DB＝AB＝5 となります．
もちろん，△ECI でも同様で，
AE＋EI
＝AE＋EC＝AC
＝6 です． 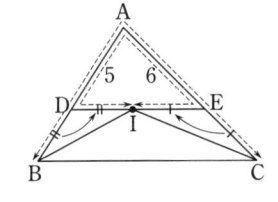
以上から，周の長さは，AD＋DI＋IE＋EA＝5＋6＝**11** です．

（2） △ABC∽△ADE で，その比は 18：11 です．

これより，DE＝7×$\frac{11}{18}$＝$\frac{77}{18}$ となります．

続いては，08 年の巣鴨からの出題（一部改）です．

問題 3． △ABC の内心を I とする．
いま，I を通り AI と垂直な直線と辺 AB，AC との交点をそれぞれ D，E とする．
DB＝3，EC＝2 のとき，DE の長さを求めよ．

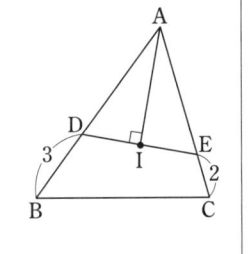

今度も BI，CI を結んでみましょう．

解法 ∠A，∠B，∠C それぞれの内角を図のように置くと，
●＋○＋×＝90°です．
ここで，垂線 IH を下ろし，△AID∽△IHD より，∠IAD＝∠HID＝● となります． 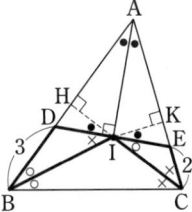
続いて，直角三角形 HBI へと目を移すと，∠HBI＋∠HIB＝90°から，∠DIB＝×です．
また同様に，∠EIC＝○ となるのでここから，△DBI∽△EIC（…＊2）を導くことができます．
△AID≡△AIE（…＊3）より，DI＝EI＝x とおけば，3：x＝x：2 とできて，x＝$\sqrt{6}$ より，

DE＝$2\sqrt{6}$ です．

別解 ∠A，∠B，∠C それぞれの内角を同様に置きます．○＋●＋×＝90°より，△ADI で ∠D＝○＋× だから ∠DIB＝×
同じく ∠EIC＝○
よって，△DBI∽△EIC
　DB：DI＝EI：EC 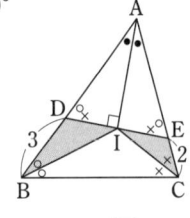
　3：x＝x：2　x＝$\sqrt{6}$　∴　DE＝$2\sqrt{6}$

では，最後にまとめの問題です．

問題 4． △ABC の内心を I とする．
いま，I を通る 2 本の直線を引く．DE は辺 BC と平行で，FG は AI と垂直である．
DB＝7，FB＝9，GC＝4，AG＝16 のとき，△EIG の周の長さを求めよ．

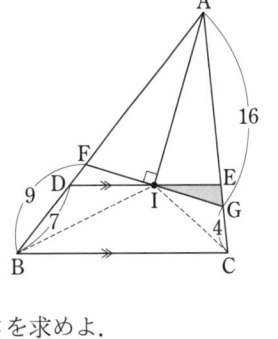

問題 2 と 3 で得た知識をフル活用です．

解法　＊3 より，AF＝AG＝16 なので，AD＝18 です．

ここで EG＝x として，DE∥BC より，AD：DB＝AE：EC であることを利用して，x の値を求めます．

18：7＝(16−x)：(x＋4)　∴　x＝$\frac{8}{5}$…①

続いて＊1 より，
　IE＝EC＝$\frac{8}{5}$＋4＝$\frac{28}{5}$ …………②
また＊2 より，△FBI∽△GIC なので，IF＝IG＝y として，
　9：y＝y：4　∴　y＝6 …………③
これより，求める周の長さは，
　①＋②＋③＝$\frac{8}{5}$＋$\frac{28}{5}$＋6＝$\frac{66}{5}$

となります．

入試を勝ち抜く 数学ワザ㉗

トリチェリの問題

〈トリチェリの問題〉とは次です．

> **トリチェリの問題**
> どの角も120°より小さな△ABCの内部を自由に動く点Pをとる．
> PA+PB+PC
> が最小値をとるような点Pの位置はどこか．

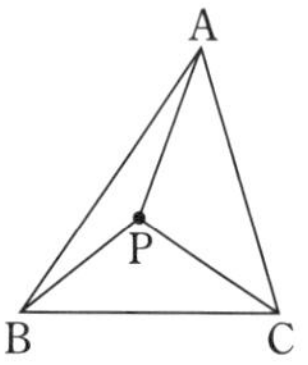

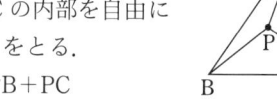

トリチェリが数学者フェルマーに宛てた書簡に，このような内容があったとされています．

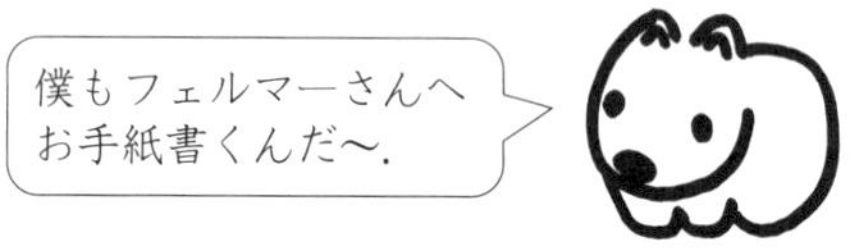

> 僕もフェルマーさんへ
> お手紙書くんだ～．

ではこれを，入試問題風にアレンジして解決してみましょう．以前，慶応志木でも出題されましたが，それを改題します．

> **問題 1.** どの角も120°より小さな△ABCがあり，辺ABを一辺とする正三角形DBAを，△ABCの外側に作る． 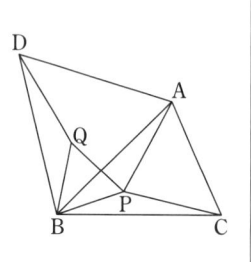
> 二点P，Qを，それぞれ△ABC，△DBAの内部に，△QBPが正三角形となるようにとるとき，
> （1）△ABP≡△DBQを証明せよ．
> （2）PA+PB+PCが最小値をとるとき，点Pはどのような点であればよいか．
> （3）（2）のとき，∠BPC，∠BPAの大きさを求めよ．

（1）は，「二辺とその間の角がそれぞれ等しい（二辺夾角相等）」を使います．このケースでは二つの正三角形の辺から，'二辺'は明らかですが，'間の角'には一工夫が必要です．また(1)が，各問いの誘導にもなっています．

解法 （1） △ABPと△DBQにおいて， 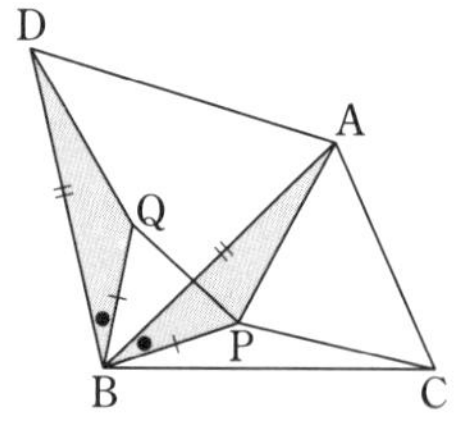
大正三角形より
　AB＝DB ……①
小正三角形より
　BP＝BQ ……②
ここで，
　∠ABP＝∠QBP(＝60°)－∠QBA
　∠DBQ＝∠DBA(＝60°)－∠QBA
よって，∠ABP＝∠DBQ ……③
以上①，②，③より，
「二辺とその間の角がそれぞれ等しい」
ので，△ABP≡△DBQ

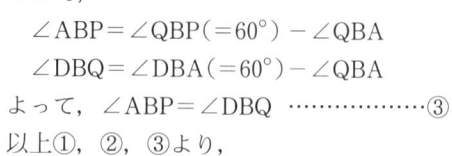

（2）（1）の合同で対応する辺になっているPA＝QDと，小正三角形を利用したPB＝PQから，
　PA+PB+PC
　＝DQ+QP+PC 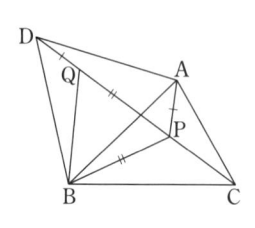
となり，これが最小なのは，右図のような，四点C，P，Q，Dが一直線上にあるときです．
　したがって"**点PがCD上にくるとき**"がそれです．

（3）∠BPC
　＝180°－∠QPB
　＝180°－60°＝**120°**
　∠BPA
　＝∠BQD
　＝180°－∠BQP
　＝180°－60°＝**120°**

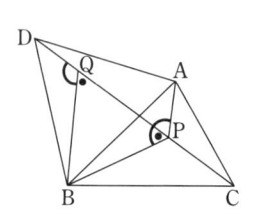

つまりこうです．フェルマーは，

『3線分 PA, PB, PC によって, 周囲を 120°ずつに三等分する位置に点 P を取る』という回答を与えたのです. そこで右図の点を, **フェルマー点**と呼びます.

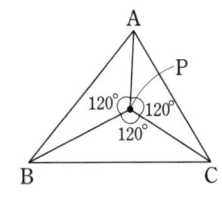

このフェルマー点は, 次のように作図することができます.

問題 2. どの角も 120°より小さな △ABC があり, これらの辺を一辺とする正三角形を △ABC の外側に作る.
そこで, CD, AE, BF の交点を P とすると, この点がフェルマー点であることを示せ.

解法 まず右図のように正三角形 ADB と正三角形 BEC のそれぞれの外接円の交点を Q とします.

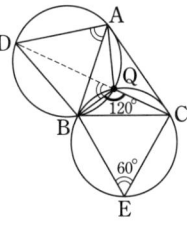

そこで, 内接四角形の性質から
$\angle BQC = 180° - \angle BEC = 120°$ (…☆)

また, $\angle DQB = \angle DAB = 60°$ から,
$\angle DQB + \angle BQC = 180°$

で, 3点 C, Q, D は一直線上にあります.

同様に, 3点 A, Q, E も一直線上にありますから, 右図のようになり, 点 Q は点 P と一致することがわかります.

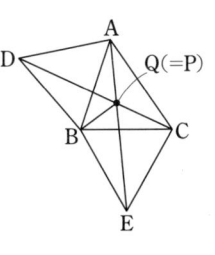

すると☆より
$\angle APB = \angle BPC = \angle CPA (= 120°)$

より, 点 P がフェルマー点であることがわかります.

では, BF も点 P を通ることを説明します.
正三角形 ACF の外接円は,

$\angle AFC + \angle APC = 180°$ から, 点 P を通ることは明らかです. そうすると先ほどと同様で,
$\angle FAC = \angle FPC = 60°$

より, 3点 B, P, F も一直線上にあります.

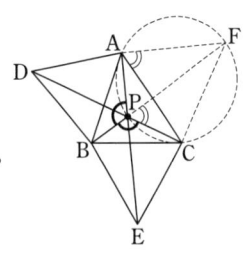

最後に, フェルマー点が最小を与えることの別解を紹介します.

図において, 点 P は △ABC のフェルマー点とし, ここで PA, PB, PC とそれぞれ垂直になるような点線を引けば, $\angle X = 60°$ などから, △XYZ は正三角形です.

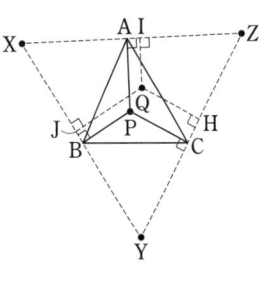

そこでこの三角形の一辺を a とすれば,
$$\triangle XYZ = \frac{1}{2}a(PA + PB + PC) \quad \cdots ④$$

さて, 今度は △ABC 内に点 P とは別の点 Q を取ります. 同様にして,
$$\triangle XYZ = \frac{1}{2}a(QH + QI + QJ) \quad \cdots ⑤$$

つまり④, ⑤より,
$$PA + PB + PC = QH + QI + QJ \quad \cdots ⑥$$

ここで, QI < QA, QJ < QB, QH < QC より,
$$QH + QI + QJ < QA + QB + QC \quad \cdots ⑦$$

以上⑥, ⑦より,
$$PA + PB + PC < QA + QB + QC$$

なので, 点 Q がどこにあってもフェルマー点 P にはかないません.

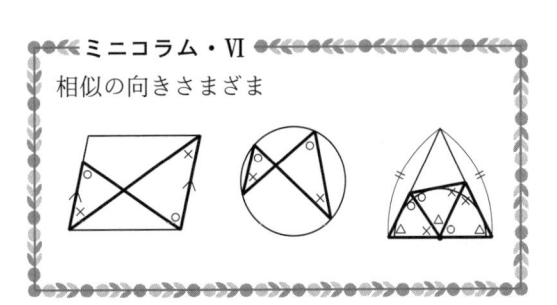

◆◆◆◆ ミニコラム・Ⅵ ◆◆◆◆
相似の向きさまざま

入試を勝ち抜く数学ワザ㉘

ラングレーの着想

今回は，求角問題に取り組んでみましょう．'入試の合間に，ちょっと一息入れたいとき'などにパズル感覚でやってみてくださいね．

問題 1.（ラングレー 1922）
右図で，∠ACD の大きさを求めよ．

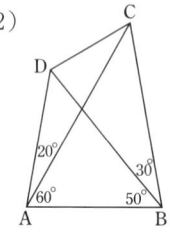

90 年以上も解き継がれている傑作で，（点線の）正三角形を作る奇抜な解法が，よく知られています．

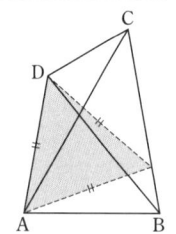

実を言うと，永らく'ラングレー＝ヒラメキ'と誤解をしていた私ですが，ある時その考えが一変する着想に出会うのでした．出所は『初等数学 41 号』[*1] の**清宮俊雄**先生[*2] の記事です．

▷*1 月刊「高校への数学」にも執筆される，松田康雄先生が編集をされている．
▷*2 （せいみやとしお）言わずと知れた大数学者．"清宮の定理"など彼の名を冠した初等幾何の定理もあるほど．

四角形の二本の対角線は，その内角を 8 つに分けます．そして，これらの角の大きさがすべて整数となるときを，"整角四角形"といい，ラングレーの問題もこうなることが知られています．

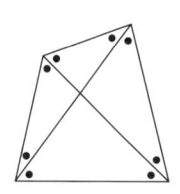

清宮先生は，どのように解かれたのでしょうか？　それには，次の定理が重要です．

定理.
$\angle a + \angle b = 90°$
$\implies$ △ABC の外心は直線 AD 上にある．

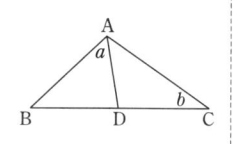

図 1 のように，AD の延長と円 O との交点を E とします．そしてあえて，AE から外れた場所に中心 O をとっておいて，――部が題意と矛盾することに言及します（∠AOE＝180° を示して，3 点 A，O，E が一直線上にある，と結論付ける）．

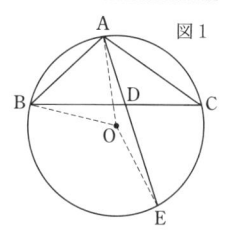

➡注　「直線だったらなー」と切望するときは，あえて一度は，それを否定するフリをみせておくと，相手に結果を納得させやすいですよ．背理法という．

証明. ∠BOE＝2∠BAE＝2a
∠AOB＝2∠ACB＝2b　…（図 2）
ここで題意から，$a+b=90°$ より，
∠BOE＋∠AOB＝2a＋2b＝180°
となります（図 3）．つまり，『3 点 A，O，E は一直線上にある』ので，中心 O は AE（AD）上というわけです．（q.e.d）

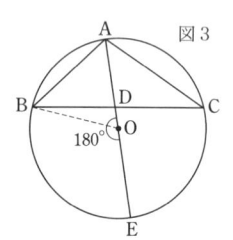

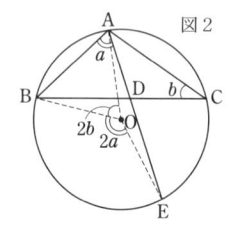

ラングレーの問題でもこれが使えそうですね．なぜなら，△ABC において，
∠CAB＋∠DBC
＝60°＋30°＝90°
ですから，△ABC の外心 O は，BD 上にあることがわかります．また，∠ADB＞∠ACB ですから，点 D は円の内部にあります．

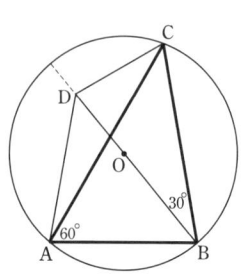

解法. OからDAへ垂線OHを下ろし, その延長と円との交点をEとします(図1).

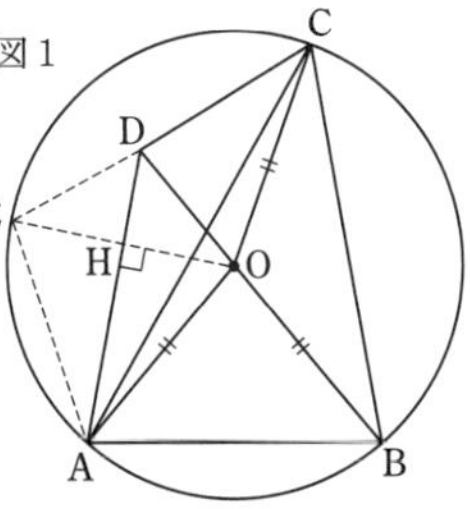

まず, OB=OA より,
∠OBA
= ∠OAB=50°
よって, ∠OAD=30°,
∠HOA=60°ですから,
△OEA は正三角形で,
H は OE の中点といえます(図2). そうすると, DO=DE で,
∠ADB=50°から,
∠DOE
= ∠DEO=40°
(…①)(図3)
一方, ∠OBC
= ∠OCB=30°より,
∠COD=60°となって,
△OEC で
∠EOC=40°+60°
=100°から,
∠OEC=40° (…②)
すると, ①②の─
より, ∠OED=∠OEC
ですから, 点 D は EC 上にあることがわかりますね(つまり, 『3点 E, D, C は一直線上にある』). なるほど図4が正しいわけですね.

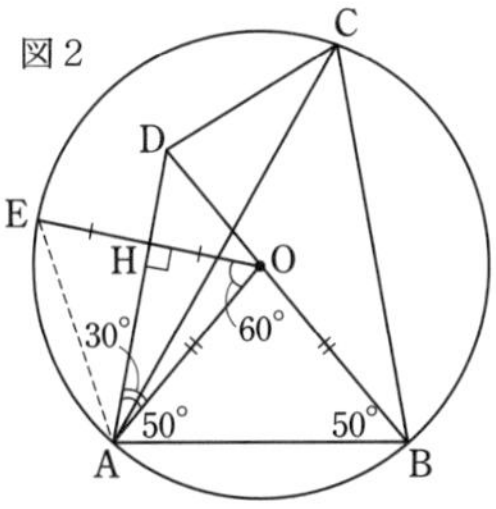

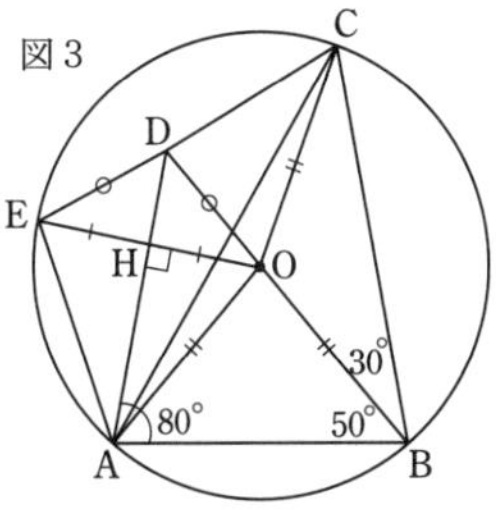

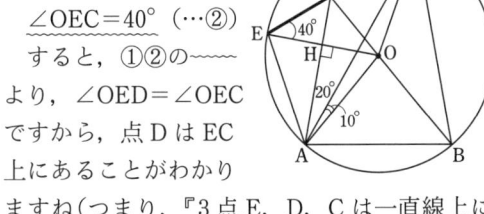

そうなると, △OCE で
∠OCE=∠OEC=40°, ∠OCA=10°なので,
∠ACD=40°-10°=**30°** となります.

この問題は, ラングレーが正十八角形の研究中に発見したそうです『初等数学38号』. 確かに太線の図形がそうなっていますよね.

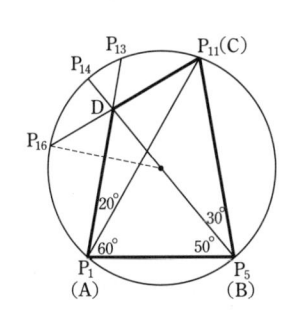

さらにこの着想は, 別の整角四角形でも, 手助けになることがあるのですよ. 次の, 生徒達が塾で解いていたものもその一例です.

問題 2. 右図で,
∠ADC の大きさを求めよ.

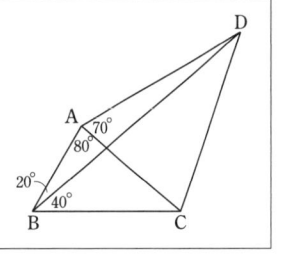

解法. △OAB で
∠AOB=20°, また
△ODA で
∠DOA=40°なので,
△ODB は正三角形となります. よって, Dから OB へ下ろした垂線の足 H は OB の中点となります.

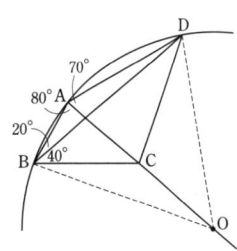

また△COB は,
∠CBO=60°-40°=20°
なので, CO=CB の二等辺三角形で, C より下ろした垂線の足 H'も, OB の中点となります.

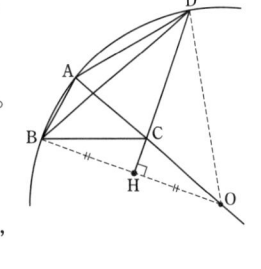

つまり H' は H と一致することから, 『3点 D, C, H は一直線上にあって』, そうすると,
∠ADC=∠ADB+∠BDH(C)=10°+30°=**40°**

➡注 ∠CAD+∠ABD=90°より, O は直線 AC 上にあります.

実はこの問題も, 正十八角形から作られた, 右のような構図(太線)をとっています.

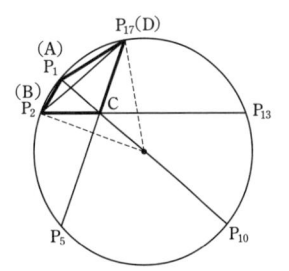

63

入試を勝ち抜く数学ワザ㉙

円の折り返しの諸性質

今回は、「円の折り返し」です．

これはもちろん「折られた弧の扱い方」が話題となるのですが、"折られた弧をもとに戻し(…Ⅰ)"て、一般の円と同様に解いたり、また"折られた弧を一部とする新たな(合同な)円とその中心を記す(…Ⅱ)"ことで、対称性を使った解法にいきつく、などの考え方があります．

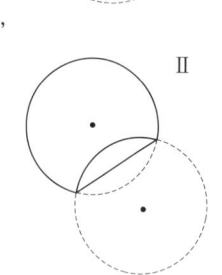

そして特に後者は、折られた弧が円の中心を通る場合には、極めて有用な手段となることがわかるでしょう(問題1)．

それではさっそく、00年の滋賀県の問題(一部改題)からやってみましょう．

問題1. 右図のように点Mを含む弧の部分が円の中心Oを通るように折り返す．このとき、折り目の弦をPQ、点Mが折り返された点をM′とする．

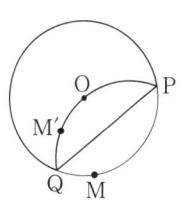

次の各問いに答えよ．
(1) 弦PQについて、中心Oと対称な点をO′とするとき、∠QOO′の大きさを求めよ．
(2) 点M′が弧OQの中点になるとき、円Oの半径を2cmとして、線分PM′の長さを求めよ．

解法 (1) 折り返された円弧が円の中心を通っていますから、さきほどのⅡのように、もうひとつの合同な円を描きます(右図)．そうすると対称性から、O′はもうひとつの円の中心となり、

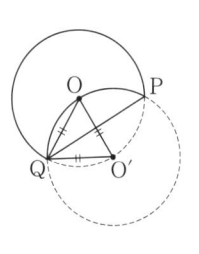

OO′＝OQ＝O′Q（これらはすべて円の半径）

ですから、△OQO′は正三角形で、∠QOO′＝**60°** がいえます．

補足ですが、弧QOP上の点Rについて、円O′についての円周角から、∠QOP＝∠QRPとなって、Rの位置に関わらず次の事項が成り立っています．

これは超のつくほど重要ですよ．

系1. 折り返した弧が円の中心を通るとき、右図のように120°が成り立っている．

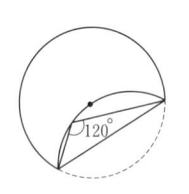

(2)では求めるのはPM′ですが、Ⅰのように、折られた弧を戻して考えましょう．そして、PMをかわりに出します．

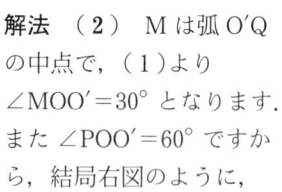

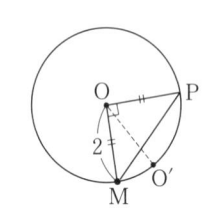

解法 (2) Mは弧O′Qの中点で、(1)より∠MOO′＝30°となります．また∠POO′＝60°ですから、結局右図のように、

∠MOP＝∠MOO′＋∠POO′＝90°

がわかります．したがって、△OMPは直角二等辺三角形で、PM′(PM)＝**2√2 (cm)** となります．

いかがでしたか．(2)は、折り返された弧上の点を戻すことで、とても問題がシンプルになり、考え易くなりましたね．

さらに，次のような有名問題の考え方も大切です．93年の青雲高校(一部略)です．

問題2. Oを中心とし，ABを直径とする半径1の半円がある．

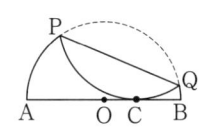

弧PQを弦PQで折り返したとき，折り返された弧が，線分OBの中点Cで線分ABに接した．

PQの延長が直線ABと交わる点をRとするとき，ORの長さを求めよ．

問題1と同様，Ⅱのように，折られた弧を一部とする円の中心を利用しましょう．

解法 右図のように，もう一つの円の中心をO'とします．

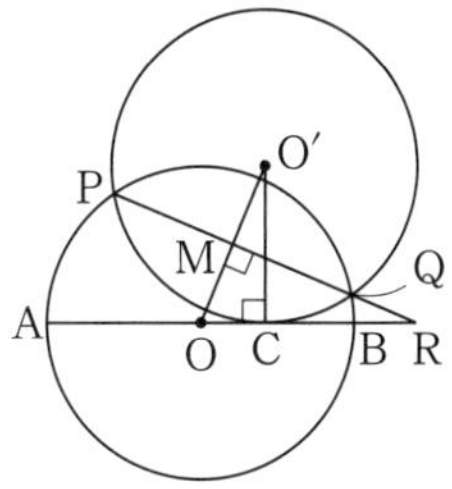

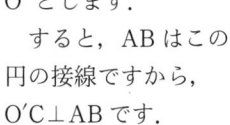

すると，ABはこの円の接線ですから，O'C⊥ABです．

そこで，△O'OCについて，O'C=1，OC=$\frac{1}{2}$ ですから，O'O=$\frac{\sqrt{5}}{2}$ となります．

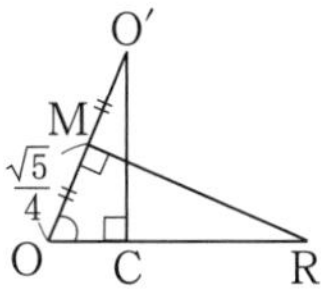

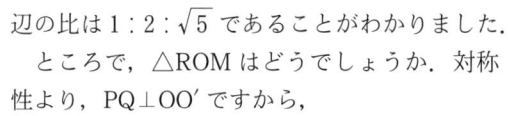

つまり，この三角形の三辺の比は 1:2:$\sqrt{5}$ であることがわかりました．

ところで，△ROMはどうでしょうか．対称性より，PQ⊥OO'ですから，△ROM∽△O'OCがいえて，OR=$\sqrt{5}$ OM です．ここで，OM=O'O/2=$\sqrt{5}$/4 ですから，

OR=$\sqrt{5} \times \frac{\sqrt{5}}{4} = \frac{5}{4}$ が答えとなります．

このように，もう一つの円の中心をとることによって，点Cが接点として生きるわけです．

そして次の一題は，とっても面白い性質を題材にしています．今度は角に注目して，じっくりと考えてください．

97年の白陵高校(一部略)です．

問題3. 半径1cmの円がある．図のように，この円を弦ABに関して円の下部を上部に折り返した．折り返した円弧上に点Pをとり，APの延長線と円弧との交点をQとする．

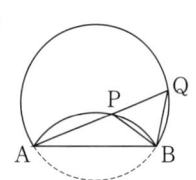

△BPQは二等辺三角形であることを証明せよ．

このまま眺めていても始まりませんから，まずは弧を戻してみましょう．

証明 Ⅰより，折り返された弧APBをもとに戻します(右図)．このとき，P'をPの行き先とします．そうすると，

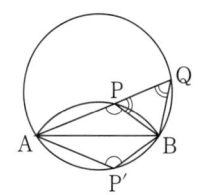

∠APB=∠AP'B (…*1) ですね．

ここで，∠QPB=180°−∠APB (…*2)

また，内接四角形AP'BQにおいて，

∠PQB=180°−∠AP'B (…*3)

ですから，*1と*2，*3より，△BPQは∠QPB=∠PQBの二等辺三角形であるといえます． (終)

どうでしたか，これは円の折り返しならではの特徴といえますね．

このタイプは，一度解いたことがあるかどうかが勝敗の分かれ目となりそうです．

系2. 右図において，∠PQR=∠PRQ

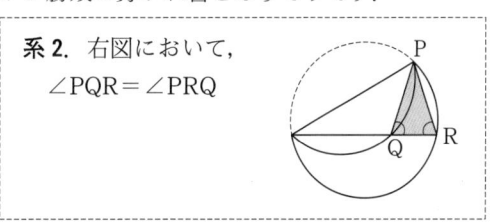

以上，円の折り返しならではの性質をいくつか取り上げましたが，自由に操れるようになるまで，たくさん練習を積んで下さい．

入試を勝ち抜く数学ワザ㉚

二等分が生む円内の相似形に着眼する

今回は，塾の模試にあたり作題したものを紹介します．

そこでのテーマは，次のようなものでした．
ⅰ) 一般の三角形の外接円の半径を求める．
ⅱ) 三角形の内角の二等分線を弦とする円が登場する．
ⅲ) 弦の一方の端点は，三角形の辺と円との接点になる．

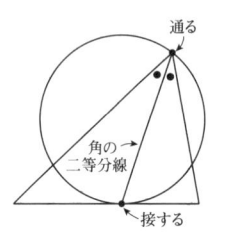

言葉だけではなかなか分かりにくいので，図にすると右のような構図になります．これならきっとどこかでお目にかかったことがあるのでは…．

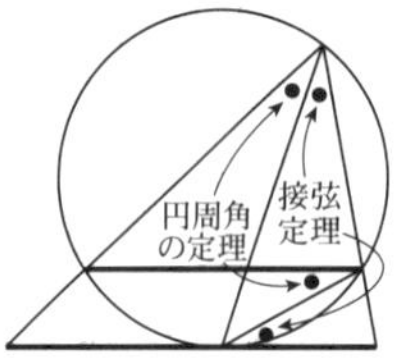

上記構図は，右のような性質を持っています．実際に塾の模試では，小問(1)を太線の平行の証明としました．

この図をしっかりと頭の隅にでも置いてください．

さて問題です．初めは，結局は日の目を見なかった方です．

問題1. 右図のように，△ABCにおいて，頂点Aを通り辺BCと点Dで接する円があり，ADは∠Aを二等分している． 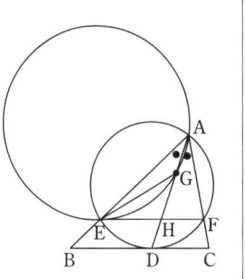
またこの円と辺AB，ACとの交点を図のようにそれぞれ点E，Fとする．

ここで，2点A，Eを通る図のような円は，点EでEFと接し，GをADとの交点とする．
AB=24，BC=20，CA=16のとき，次の各問いに答えよ．
(1) 省略（EF // BCの証明）
(2) ADとEFの交点をHとするとき，AH:HDの比を求めよ．
(3) AHの長さを求めよ．
(4) EGの長さを求めよ．
(5) 省略（△AEGの外接円の半径）

円内にできる数多(あまた)の相似から，要不要を見極め整理する，これを問うものです．

解法 (2) ∠Aの二等分線定理から， 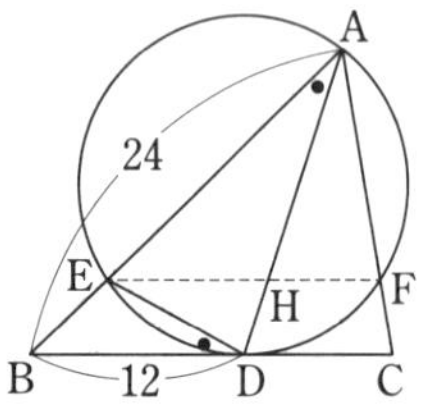
 AB:AC=BD:CD
   =3:2
よって，BD=12
また，右図で，接弦定理より，∠BDE=∠BAD
これと∠B共通より，△BDE∽△BAD
よって，BD:BA=BE:BD
これより，12:24=BE:12
よって，BE=6
 AH:HD=AE:EB=18:6=**3:1**

(3) (1)より，EF // BCなので，
 AB:BD=AE:EH
 24:12=18:EH
よって，EH=9 同じく，FH=6
右図で， 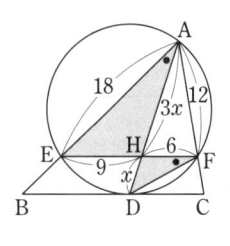
 ∠EAH=∠DFH,
 ∠AHE=∠FHD
より，△EAH∽△DFH
よって，
 EH:DH=AH:FH
ここで，(2)を利用して，AH=3x，HD=xとおくと，
 9:x=3x:6 3x×x=9×6
これより，x=3√2
 ∴ AH=3x=**9√2**

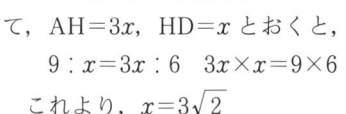

（4） 点 E は接点なので，接弦定理から，
 ∠HEG＝∠EAG
より，
 △AEH∽△EGH
 AE：AH＝EG：EH
 18：9√2＝EG：9 ∴ EG＝**9√2**

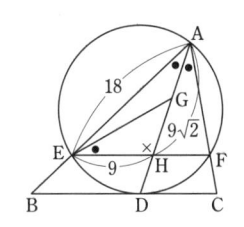

いかがでしたか．そこいら中に相似が潜んでいるので，かえって迷路に迷い込んでしまいがちです．そこでこの構図に隠された相似をもう一度確認します．
 △BDE をとってみれば，右図のように，
 △BAD，△EAH，
 △DAF，△DFH
と，たくさんあります．
適切な相似のチョイスが重要になってきます．
さていよいよ，こちらが実際の出題です． 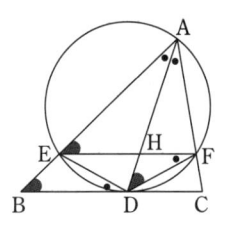

問題 2. 右図のように，△ABC において，∠A の二等分線と BC の交点を D とする．
 いま，2 点 A，D を通り，辺 BC と接する円を描き，辺 AB，AC との交点をそれぞれ点 E，F とする． 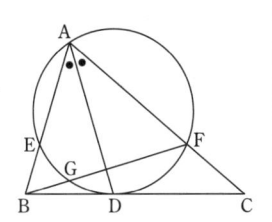
 AD＝12，BD＝4√3 で，また，円と BF との交点を G とすると，点 G は弧 ED を二等分している．このとき，次の各問いに答えよ．
（1） 省略（EF∥BC の証明）
（2） AB の長さを求めよ．
（3） DC の長さを求めよ．
（4） 省略（この円の半径）

問題 1 の特別な形です．特別がゆえに，'点 G が弧を二等分する'という稀な条件が成り立っています．汎用性を考えず，パズルの一つのつもりでやってみてください．

略解 （2） 題意により，点 G の位置から，
 ∠EFG＝∠GFD …③
これと EF∥BC より，
 ∠EFB＝∠DBF …④
 ③④より，
 ∠GFD＝∠DBF から，
△BDF において，
 BD＝FD……………⑤ 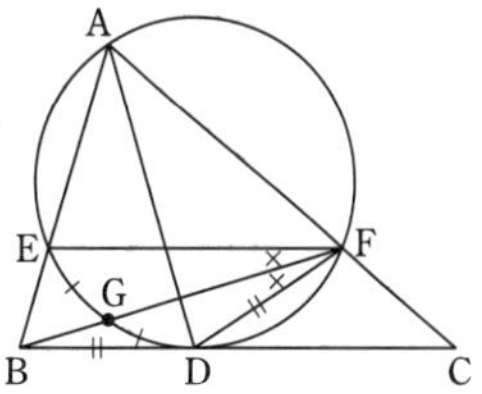
そこで右図のように，接弦定理より，
 ∠BDA＝∠DFA …⑥
⑤⑥のこうしたことなどから， 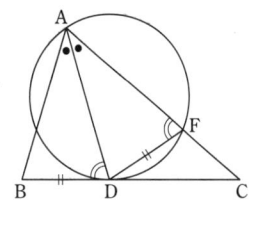
 △ABD≡△ADF ∴ AB＝AD＝**12**
 ➡**注** つまり，△ABD，△ADF は二等辺三角形です．

（3） 接弦定理より，
 ∠FDC＝∠CAD
などから，
 △FCD∽△DCA
 DF：AD
 ＝CF：CD 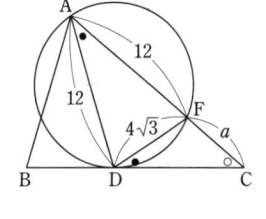
CF＝a とおき，
 4√3：12＝a：CD ∴ CD＝√3 a
 FC：DC＝DC：AC
 a：√3 a＝√3 a：(12＋a)
 ∴ a＝6 ∴ DC＝**6√3**

参考 2 円が内接する場合へ発展させた性質

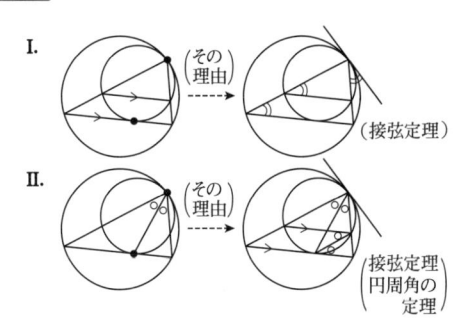

I.

II.

入試を勝ち抜く数学ワザ㉛

内接とみるか、傍接とみるか

今回はまず、次の問題をやってください。

問題 1. 図において、直線 l の切片を求めよ。

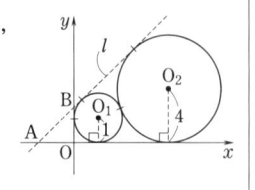

解法. A, O_1, O_2 は同一直線上で、右図の網目の三角形から考えれば、$H_1H_2=4$ となります。$\triangle AH_1O_1$ はこれと相似なので、$O_1H_1=1$, $AH_1=4/3$ がわかります。

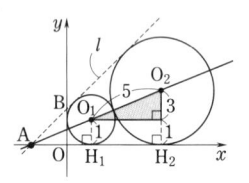

そこから、右図のようにして、$\triangle B'AH$ で三平方すると、$a=7$

∴ $B'H=8$
∴ $BO=B'H \times 1/7$
　　　$=8 \times 1/7 = 8/7$

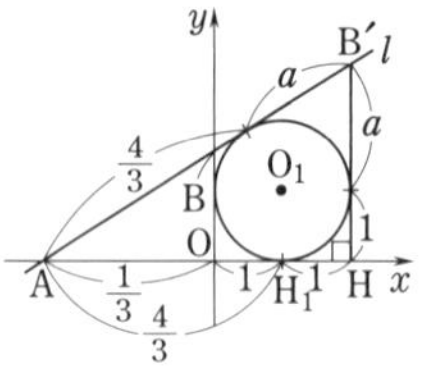

つまり、直線 l の切片は、**8/7** となります。

さて、今度はちょっと違った見方をしてみましょう。円 O_1 を内接円と見立てて、直角三角形を作るまでは同じなのですが…。

別解. 右図のように "$\triangle BAO$ の内接円を描き"、その中心を O_3 とします。すると、
$\triangle BAO \sim \triangle B'AH$ 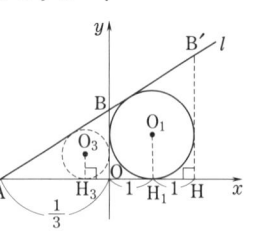
より、$O_1H_1 : AH = O_3H_3 : AO$ が成り立ち、$1 : 7/3 = O_3H_3 : 1/3$ から、$O_3H_3 = 1/7$ とわかります。つまり、$\triangle BAO$ の内接円の半径は $1/7$ ということですね。

ここで、円 O_1 は $\triangle BAO$ の傍接円ですから、
$BO=H_3H_1(\cdots *1)=H_3O+OH_1=1/7+1=$ **8/7**
と求めることができます。

このように円 O_1 を、"内接円とみるか傍接円とみるか" によって、様々な解法が考えられるのです。

ところで、*1の性質(下の定理1②)を知らない人、ついでに勉強しておくといいですよ。①は00年の早大学院でも出題されています。

定理1. 右図において、次の①、②が成り立つ。
① $BT=CQ$
② $PS(=RU)=BC$

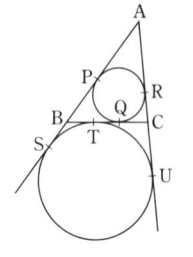

証明. ① $BT=x$, $TQ=a$ とおくと、
$PS=PB+BS=BQ+BT$
　　$=(x+a)+x$
　　$=2x+a$ …ⅰ)
今度は $CQ=y$ とおくと、同様にして、
$RU=2y+a$ …ⅱ)
ここで、$AS=AU$, $AP=AR$ から、$PS=RU$ がいえて、ⅰ)=ⅱ)から、$x=y$ 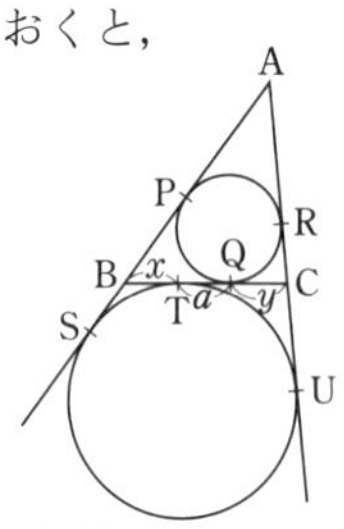
② ①を利用することにより、
$BC=x+a+y=x+a+x=2x+a=PS$

続いては、初出の問題をどうぞ。

問題 2. 右図の $\triangle ABC$ の内接円の中心を O とし、この円に接し $DE /\!/ BC$ となるように点 D, E をとる。
いま、$\triangle ADE$ の外接円と AO の交点を P とする($A \neq P$)とき、PD の長さを求めよ。

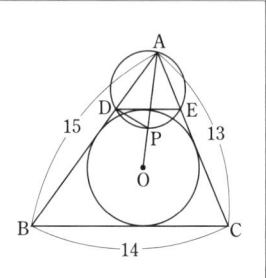

いきなりではちょっと難しいかもしれませんね．そこで次をヒントにするといいですよ．

定理2. 右図のような△ABCの内心をO，傍心をO'とし，OO'と△ABCの外接円の交点をPとする．
　このとき，
　　OP＝BP＝O'P
が成り立つ．

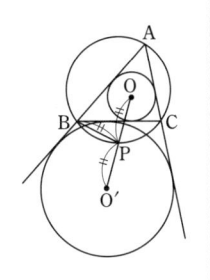

証明． Oは△ABCの内心ですから，∠BAO
　　＝∠CAO（＝●）
で，同様に，∠ABO
　　＝∠CBO（＝×）です．
ここでまず，△ABOの∠Oの外角を考えて， 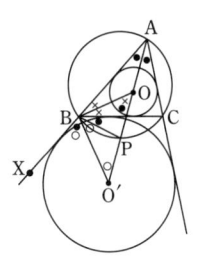
　　　　∠POB＝●＋× ……………①
また円周角から，∠CAP＝∠CBP（＝●）
なので，∠PBO＝●＋× ……………②
以上①，②より，OP＝BP がいえます．
次にO'は傍心ですから，
∠CBO'＝∠XBO'（＝●＋○）となり，そこで△ABO'の∠Bの外角から，∠BO'A＝○で，これより∠PBO'＝∠PO'B（＝○）ですから，BP＝O'P が成り立ちます．
　　　∴　OP＝BP＝O'P

　問題2では，Oを傍心とみること！これが鍵を握っていますよ．

解法． まず，△ABCの内接円Oの半径は4になることを確認しておきましょう．
　次に右図のようにすれば，AH＝12で，H'H＝8（円の直径と等しい）ですから，AH'＝4がわかります． 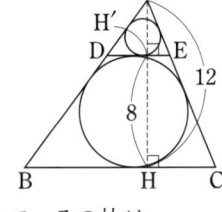
つまり，△ABC∽△ADEで，その比はAH：AH'＝12：4＝3：1（…＊2）となりますね．

そこで，△ADEの内接円をO'とし，円Oを△ADEの傍接円とみなすと，定理2よりDP＝OO'/2です． 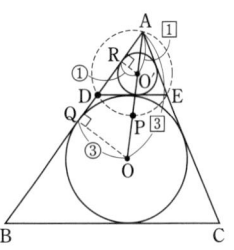
　OQ＝4（Qは接点），またAQ＝7（☞注）から，AO＝√65となって，ここで＊2より，
OQ：O'R＝3：1（Rは接点）でしたから，OO'＝AO×2/3＝2√65/3が求まります．よって，PD＝2√65/3×1/2＝√65/3となります．
　➡注　接線の性質より，AQ＝（15＋13－14）/2

そして最後に，私の塾生が考えた次の問題をやってみてください．

問題3. 右図において，内接円の半径が7のとき，
△AEF：△CHG
を求めよ．

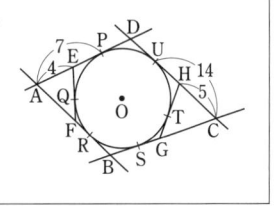

それぞれの三角形について残りの辺の長さを求めます．それには円Oを傍接円とみなし，前問同様に**内接円を描きその半径を求めます．**

略解． 右図のようにすると，∠O'HO＝90°（定理2の証明参照）だから， 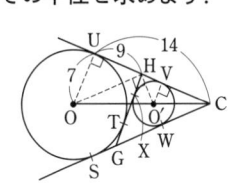
△VO'H∽△UHO
で，VO'＝9rとおくと，VH＝7r
また，△CUO∽△CVO'だから，VC＝18r
これより，7r＋18r＝5が成り立つから，r＝1/5
つまり，CV＝CW＝18/5，HV＝HX＝7/5
となり，HG＝UV＝52/5
　ここで，GC＝GW＋WC＝GX＋VC
　　　　　　＝（HG－HX）＋VC
　　　　　　＝9＋18/5＝63/5
以上より，△CHG
＝△CHO＋△CGO－△HGO＝126/5
また同様にして，△AEF＝42/5
　　∴　**1：3**

69

入試を勝ち抜く 数学ワザ㉜

'お気に入り' から作る

今回は，私が塾の模試で出題する際に，何度となくお世話になっている"お気に入り"の円の性質(定理)を紹介しましょう．

実はこれを入り口にすると，円のいろいろな情報を引き出せたり，平面図形の知識確認が容易だったりと，たいへん重宝します．ここでそのタネ明かしとなったわけです．

<定理> 右図のOを中心とする円で，B，C，Oは一直線上にあり，BAは接線である．AH⊥BOのとき，ACは∠BAHを二等分している．

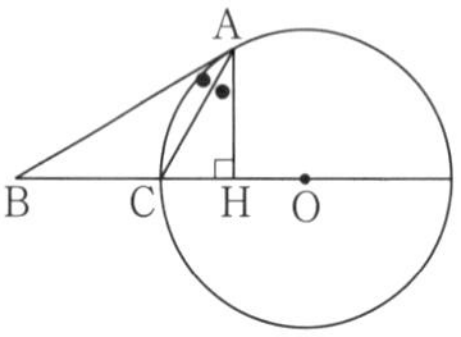

この定理は，「接線」と「直径」が出てくることから成り立っています．

証明． 右図のようにAHを延長し，円O上にDをとると，接弦定理から，∠BAC
　　　=∠CDA…(*1)

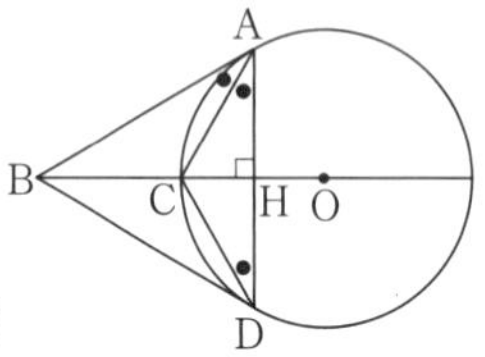

さらに，COについての対称性から，
　　　∠CDH=∠CAH…(*2)

ですから，以上*1，*2より，
∠BAC=∠CAHが成り立ちます．　(終)

そうなると，△BAHで∠Aの二等分線定理が使えますから，AB：AHに目をつけておくといいですね．

そして，これにおおいに役立つのは，
△BAO∽△AHO
∽△BHA(…※) です．

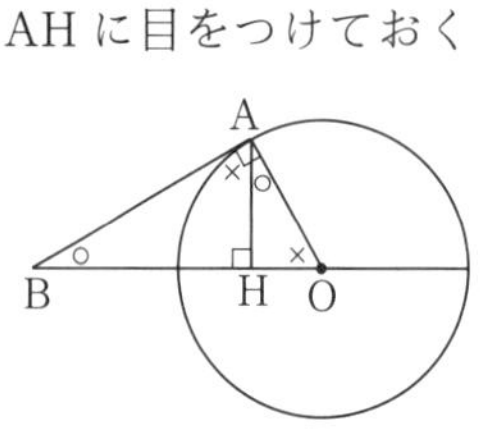

➡注　BAは接線ですから，BA⊥AO………㋐

では，私が模試に出したものを(一部改題)….

問題1． 右図のように，半径6の円Oと，この周上に中心O'をもつ半径3の円O'が2点B，Cで交わっている．また，図で，ABは円O'の接線，DはAO'と円O'の交点，EはBDと円Oの交点である． 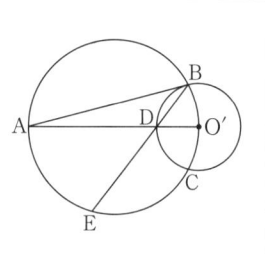
このとき，BD，CEの長さを求めよ．

解法． ∠ABO'=90°(㋐)より，AO'は円Oの直径なので，直角三角形ABO'で三平方し，AB=$3\sqrt{15}$ です．

ここで，AO'とBCの交点をHとすると，※から，BH=$\dfrac{3\sqrt{15}}{4}$，AH=$\dfrac{45}{4}$ となります．

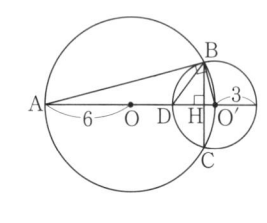

そこで，AD：DH=BA：BH=4：1 だからDH=9/4 で，これより△BDHで三平方して，
BD=$\dfrac{3\sqrt{6}}{2}$

続いて，
△O'BD∽△EAD
ですから，△EADは二等辺三角形となり，
AE=DE …(*3) 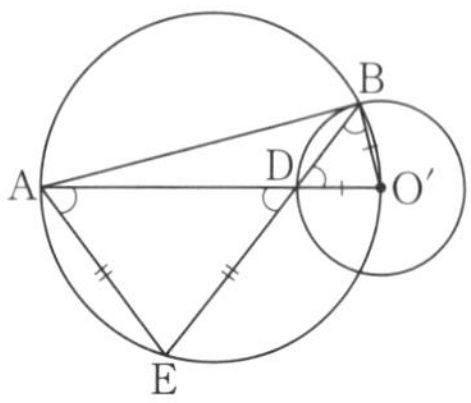
また，定理より
∠ABE=∠EBC
ですから，
AE=CE …(*4)
で，これと*3から，
CE=(AE=)DE
がいえるので，CEのかわりにDEを求めます．

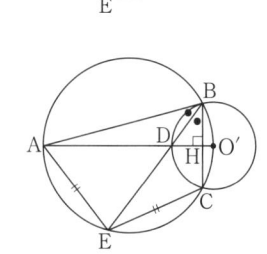

ここで，方べきの定理 AD×DO'=BD×DE
から，9×3=$\dfrac{3\sqrt{6}}{2}$×DE で，
DE(CE)=$3\sqrt{6}$ となります．

いかがでしたか，"角の二等分線定理""三平方の定理""相似""円の諸性質"と盛りだくさんだったでしょ．

そして，次もいっぱいに詰まっていますよ．同じく塾の模試からです．

問題2. 右図のように，ABを直径とする円があり，BAの延長上の点CからこのA円へ接線CDを引く．また，円周上でABについて点Dと違う側に点EをとりCEと円の交点をFとする． 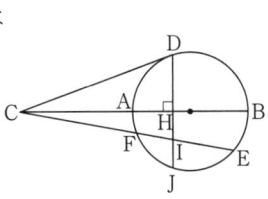
さらに点DからABへ垂線DHを下ろし，この延長とCEの交点をI，円の交点をJとする．CF＝12−2√3，FI＝2√3−1，IE＝2√3＋1，HI＝IJとするとき，
(1) CD，IJの長さを求めよ．
(2) DAの延長とCEの交点をGとする．
① CG：GIを求めよ．
② GJの長さを求めよ．

解法．（1）方べきの定理より，
$CD^2 = CF \times CE = (12-2\sqrt{3})(12+2\sqrt{3}) = 132$
なので，$CD = 2\sqrt{33}$ となります．

また，$IJ = x$ として，同じく方べきの定理より，$JI \times ID = FI \times IE$ だから，
$$x \times 3x = (2\sqrt{3}-1)(2\sqrt{3}+1)$$
より，$x^2 = \frac{11}{3}$ なので，$(x=)IJ = \frac{\sqrt{33}}{3}$

(2)① 定理より，
∠CDG＝∠JDG
ですから，角の二等分線定理より 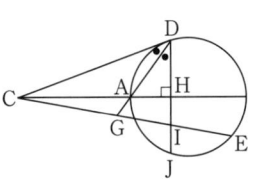
CG：GI
＝CD：ID（$3x$）
＝$2\sqrt{33}$：$\sqrt{33}$＝**2：1**
② CG：GI
＝DH：HI
が成り立っていますから，CD∥GHなので，

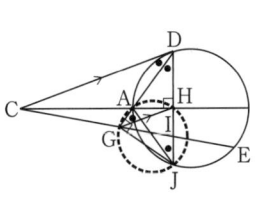

∠CDG＝∠HGD＝∠HJAとなり，4点A，G，J，Hは同一円周上にあります．したがって，∠AGJ＝90°ですから，△DAH∽△DJG …①
また，$AH = \sqrt{66}/3$，$DA = \sqrt{22}$ ………②
①，②より，$AH:DA = JG:DJ = 1:\sqrt{3}$で，
$DJ = \frac{4\sqrt{33}}{3}$ から，$GJ = \frac{4\sqrt{11}}{3}$

そして最後は，私がこの定理に目覚めるきっかけとなった，本誌93年11月号に出題された高数オリンピックの問題です．

問題3. 右図のように，ABを直径とする半円Oがある．ABのBの方向への延長線上に1点Pをとり，Pから半円へ引いた接線をPT，PTの中点をMとする．更にTからABへ下ろした垂線THとAMとの交点をCとするとき，PT∥BCを証明せよ．

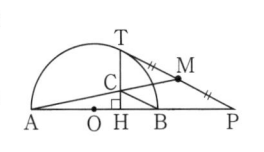

平行になるということは，
HC：CT＝HB：BPが成り立つはずですね．

証明．まずは定理から，∠HTB＝∠BTPが成り立っています．
そこで，HB＝a，BP＝bとおくと，角の二等分線定理より， 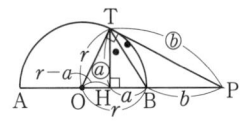
TH：TP＝a：b
です．ここで円の半径をrとおくと，※から
$r:(r-a) = b:a$ より，$r = \frac{ab}{b-a}$ です．

すると，AH：HP＝$(2r-a):(a+b)$
＝$a:(b-a)$
となり，右図のようにHからCMと平行にHIを引けば， 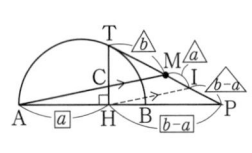
HC：CT＝IM：MT＝$a:b$
よって，HC：CT＝HB：BP＝$a:b$
となりますから，PT∥BCがいえます．

入試を勝ち抜く数学ワザ㉝

円周上ともう1つの動点

動点が2つあって，それも一方が円周上を動くとなると，その軌跡は，1つのときに比べて，はるかに求め難く思うはずです．ですがこれは，2つをまとめて動かしてしまうために，陥ってしまうことなのです．

ならば，どのようなこつがあるのでしょうか．それは，**一方の点を固定し，他方だけを動かす**こと，そしてその際，まず"一方を端点に固定し，自由なもう一方を動かす"，こうすることによって，動点が1つの場合と同じように考えることができますから，軌跡がイメージしやすくなります．

それでは，私がある塾の模試で，昔に出題した問題を使って，考えてみましょう．

問題 右図のように，AB＝4を直径とする半円の中心をOとする．この半円の弧AB上を動く2点C, Dがあり，点CからODへ下ろした垂線の足をPとする．

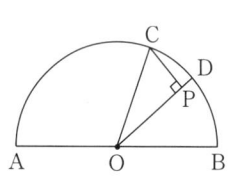

点Pが半円の周上または内部にあり，OP≧PDのとき，次の各問いに答えよ．
(1) 点Cが弧ABの中点にあるとき，点Pの動いてできる図形の長さを求めよ．
(2) 弧ABを3等分した点をAに近いほうから順にE, Fとする．点Cが弧EF間を動くとき，点Pの動きうる部分の面積を求めよ．

解法 (1) 右図のように，∠CPO＝90°から，点PはCOを直径とする円周上を動き，しかも，題意OP≧PDを満たすPの軌跡は太線のようになる．

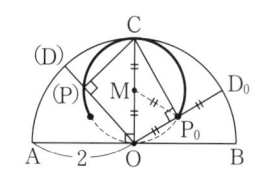

ここで，OP＝PDのとき（図のP_0, D_0），軌跡の円の中心をMとすると，
MO＝OP_0＝P_0M より，
∠OMP_0＝60°

よって，求める図形は，半径が1，中心角が240°の円弧である．

$$\therefore \ 2\pi \times \frac{240}{360} = \frac{4}{3}\pi$$

(2) 点Cを，まず端点Fで固定して，点Pを動かす．Pの軌跡は(1)の太線と合同だから，このときの((1)の)P_0はAB上にくる．そして同様に，Eで固定したのが右図である．

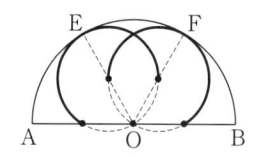

さらに，Cがこれらの間にあるときは，(1)の太線をOを中心に，回転させればよく，この太線が通った部分は，右図の網目部である．

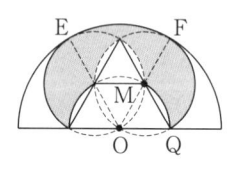

よって，求める部分の面積は，
（おうぎ形 O-EF）＋（おうぎ形 M-FQ）×2
　　　　＋△MOQ×2－（おうぎ形 O-MQ）×4
$$= \frac{2}{3}\pi + \frac{\sqrt{3}}{2}$$

(2)の場合結局は，半径の定まった円弧の移動なので，一方の点を固定することで，点ではなく図形の移動と考えることができるわけです．

手法を体得したところで，ちょっと異なる，もう1題．これは，私がある模試のために，作題したものです．

問題 2. 下の[図1]は，半径が1の円O を，長さが$\sqrt{3}$の弦ABで2つに分けたうちの，大きい方の弓形を示している．

[図2]のように，この弓形の弧の上に点Aと異なる点Cをとり，弦ACの中点をMとする．さらに，点Pは弓形の周および内部の点で，PM＝AMを満たしながら動くものとする．このとき，次の各問いに答えよ．

(1) ∠AOBの大きさを求めよ．
(2) 点Cの位置によって，点Pの動きうる部分の長さはいろいろ変わるが，この長さの最大値を求めよ．
(3) ∠CAB＝75°のとき，点Pの動きうる部分の長さを求めよ．
(4) 点Cが，75°≦∠CAB≦90°を満たす範囲で弓形の弧の上を動くとき，点Pの動きうる部分の面積を求めよ．

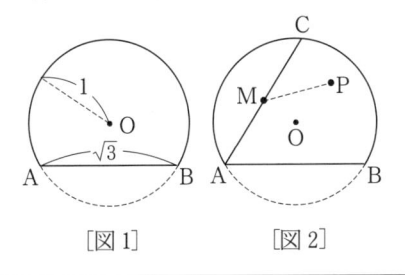

[図1]　[図2]

点Pは，Mを中心（ACを直径）とする，円周上を動きます．

略解 (1) 120°

(2) ACが点Oを通るとき．点Pが動くのは右図の太線で，$\dfrac{4}{3}\pi$

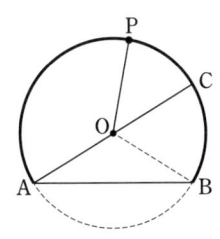

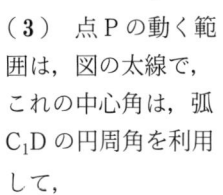

(3) 点Pの動く範囲は，図の太線で，これの中心角は，弧C_1Dの円周角を利用して，
∠C_1M_1D＝150°
さらに，（⇨図3）

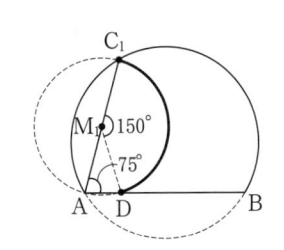

∠OAB＝30°より，
∠OAM$_1$＝45°
また，OM$_1$⊥AC$_1$から，
△AOM$_1$を使って半径は，AM$_1$＝$\dfrac{OA}{\sqrt{2}}$＝$\dfrac{\sqrt{2}}{2}$

[図3]

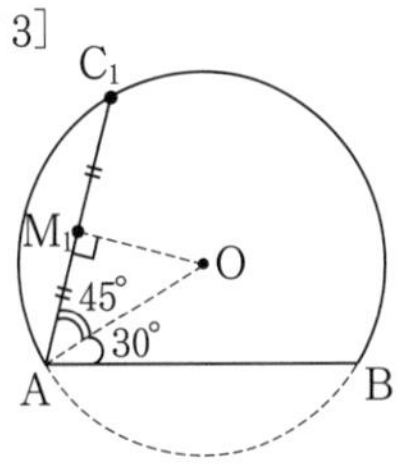

以上より，求める長さは，
$$\dfrac{\sqrt{2}}{2}\times 2\times\pi\times\dfrac{150}{360}=\dfrac{5\sqrt{2}}{12}\pi$$

(4) 求める図形は下の網目部で，
{(おうぎ形 M$_1$-C$_1$D)
　+△M$_1$AD
　+(弓形 AEC$_1$)}
－{(半円 M$_2$-AC$_2$)
　+(弓形 AEC$_2$)}
と考える．

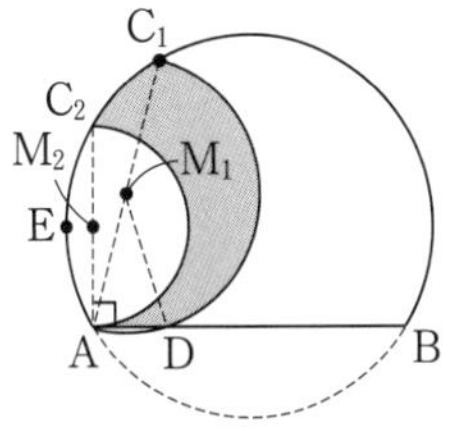

∴ $\left(\dfrac{11}{24}\pi-\dfrac{3}{8}\right)-\left(\dfrac{7}{24}\pi-\dfrac{\sqrt{3}}{4}\right)$
　＝$\dfrac{\pi}{6}+\dfrac{\sqrt{3}}{4}-\dfrac{3}{8}$

(4)は問題1と異なり，円の半径が変化するから，単純に図形の移動とはいきません．ですから，固定する点が，端点の間にあるときの，軌跡の予測が必要です．

本論からはそれますが，円が絡む宿命として，どうしても煩雑な計算に迫られます．たぶん入試でも，軌跡が分かるのはもちろんのこと，効率よく面積を求める知恵や，さらには計算力をも試されているのだと思います．このことが多分に，皆さんがイメージする"動点問題の労力"に関わっているのではないでしょうか．

◆◆◆ ミニコラム・Ⅶ ◆◆◆

よく使う整三角形

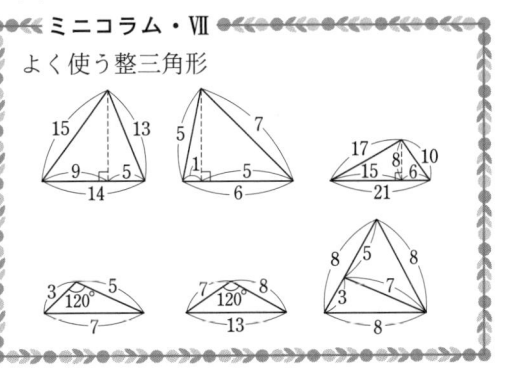

73

入試を勝ち抜く数学ワザ�34

正三角形が円内でひときわ輝く

正三角形が円に内接する15年の東大寺学園の出題(一部略)は,円の知識をさまざまな方面から確認できる良問です.

問題 右図のような正三角形ABCと3点A,B,Cを通る円Oがある.辺BCを3:2に分ける点をDとし,直線ADと円Oの交点のうちAでないものをEとする.

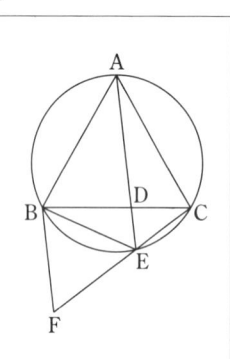

また,EB=EFとなる半直線CE上の点をFとする.CE=10のとき,次の各問いに答えよ.

(1) EBの長さを求めよ.
(2) AD,BCの長さを求めよ.

(1)はさっと済ませ,(2)で佳境に入ります.

解法 (1) △ECBにおいて,EDは∠BECの二等分線なので,'角の二等分線定理'より,
　EB:EC=DB:DC=3:2　∴ **EB=15**

(2) AD=AE－DEとして求めます.もともと書かれているCEの長さの有効利用です.

題意から,
　AB:BD
　=(BD+DC):BD
　=5:3
円周角の定理から,右図の太線と網目の三角形は相似で, 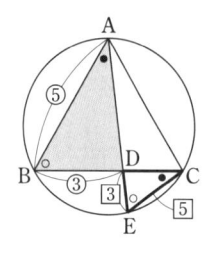
　CE:ED=AB:BD=5:3
よって,CE=10より,DE=6

次に,円周角の定理より,
　∠ABC=∠AEC
だから,
　∠AEC=∠ACD
これと∠CAEが共通であることを利用して,
△AEC∽△ACD …(★) 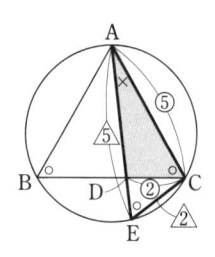
ここでCD:CA=2:5より,EC:EA=2:5
だから,CE=10より,EA=25
　∴ **AD=AE－DE=25－6=19**

[別解] AEの長さを次のように求めることもできます.

右図のように,
　△AEC∽△BED
　　(……☆)から,
　AE:EC=BE:ED
　AE:10=15:6

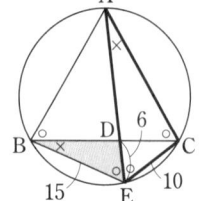

<覚えておきたい相似形>

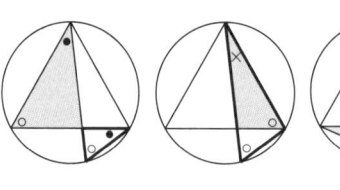

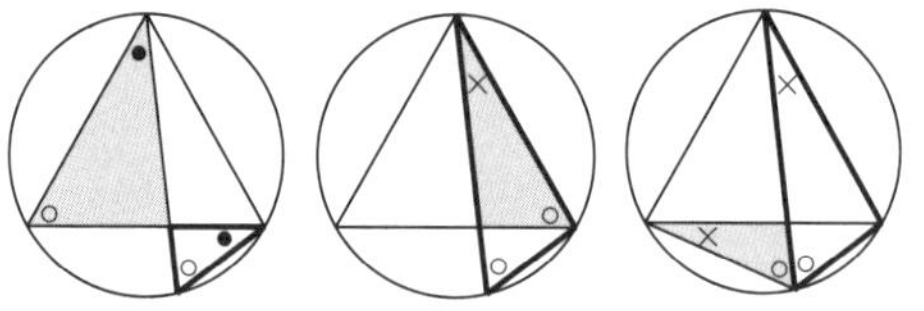

次に続けてBCは,AE=25,AD=19から,右図のようにAC=5aとおいて,★の相似を利用することで,
　AE:AC 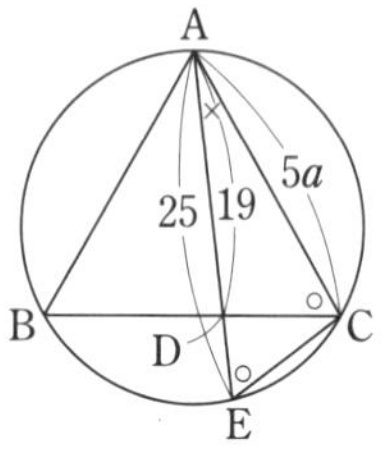
　=AC:ADより,25:5a=5a:19
　∴ $a=\sqrt{19}$　∴ **BC=AC=$5\sqrt{19}$**

[別解] 図のように頂点BからCFへ垂線BHを下ろします.

ここで円に内接する四角形の性質により,
　∠BEH=60°
すなわち△BEHにおいて,BE=15より

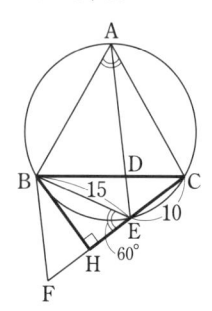

$EH = \dfrac{15}{2}$, $BH = \dfrac{15\sqrt{3}}{2}$

さらに△BHC にて三平方の定理を用い，
$BC = 5\sqrt{19}$

さて，AE の長さを求めるのに，次のような便利な方法もあります．知っていますか？

<定理1>
右図の正三角形 ABC において，
PA = PB + PC

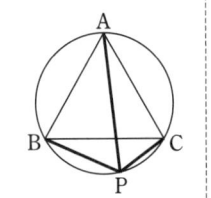

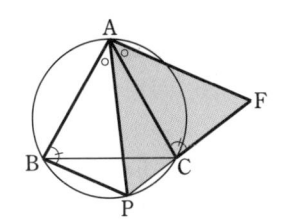

だから，PA = PF = PC + CF = PC + BP

また BC を求めるには，次も有効です．

<定理2>
右図の AB = AC の二等辺三角形 ABC において，
① AB×AC = AQ×AR
② RB×RC = RQ×RA
③ RQ² = RB×RC − BQ×CQ

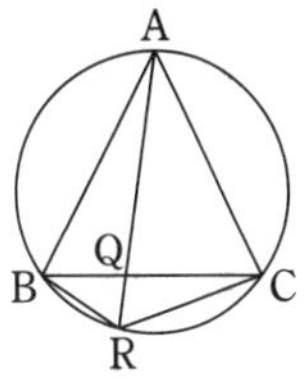

理由1 ∠APC = 60° であることを利用し，右図のように正三角形 DPC となる点 D を，線分 AP 上にとります．
すると，
△ACD ≡ △BCP となります．その理由は， 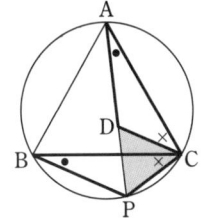
　まず円周角の性質より，● 同士の角は等しい．
　また× 同士は，∠ACP からともに 60° である∠DCP，∠ACB を取り去っているので等しい．これと AC = BC から合同がいえます．
　それゆえ AD = BP，DC = PC．つまり，
BP + PC = AD + DC = AD + DP = AP

➡注 波線は△DPC が正三角形より成り立つ．

理由2 ∠BPC = 120° から，図のように BP を延長し正三角形 PEC を作ります．すると，
△APC ≡ △BEC
となって，
PA = EB = EP + PB = CP + PB

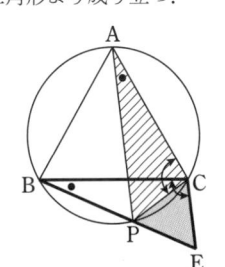

➡注 東大寺学園の問題と同じ構図です．

理由3 ∠APC = 60° から，図のように PC を延長し正三角形 APF を作る．すると，
△ABP ≡ △ACF

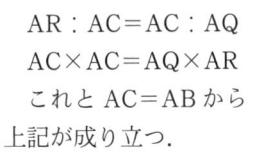

理由 ① ★の相似を利用して，
AR : AC = AC : AQ
AC×AC = AQ×AR
これと AC = AB から上記が成り立つ．

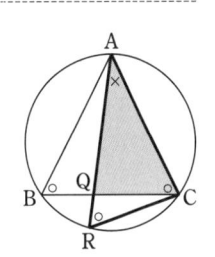

➡注 15年大教大池田で出題されました．

② ☆の相似により，
△BRQ ∽ △ARC
が成り立ち，
RB : RQ = RA : RC
これより上記が成り立つ．

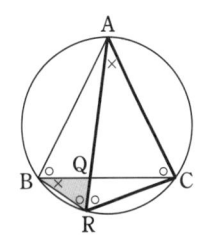

またここで①，②の辺々を加えることで，
AB×AC + RB×RC = AQ×AR + RQ×RA
= AR(AQ + QR) = AR²
と表すこともできます．

③ ②より，
RB×RC = RQ×(RQ + QA)
　　　　= RQ² + RQ×QA
ここで，△BRQ ∽ △ACQ より，
RQ : BQ = CQ : AQ，RQ×AQ = BQ×CQ
ここで下線の式を置き換えることで，
RB×RC = RQ² + BQ×CQ
より上記が成り立つ．

これは，△RCB の∠R の"二等分線 RQ の長さ"の定理です．

75

入試を勝ち抜く数学ワザ㉟

江の島定理

まず，次の補題を考えてみたいと思います．

補題1． 右図のように，BCを弦とする円周上に点Aがあり，これは弦BCの上側を動くとする．このとき，BA＋ACが最大となるのは，点Aがどの位置にあるときか．

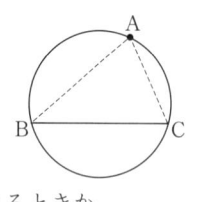

皆さんもこのような疑問，持ったことはありませんか．そこで，点Aをグルグルと動かしてみると，A′よりもA″のときの方が長そうに映ります(つまり，BA′＋A′C＜BA″＋A″C)．

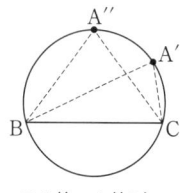

では，このことを実証してみましょう．

解法 右図のように，BAを延長して，AD＝ACとなる点Dをとります(ここでは，BA＋ACのかわりにBA＋AD，つまりBDの長さを考えようとしているわけです)．

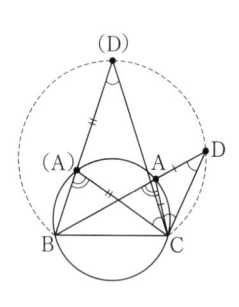

そうなると，△ACDは二等辺三角形ですから，∠ADC＝$\frac{1}{2}$∠BAC（…＊)ですね．そして試しに，別の場所の点Aに対して，同じように点Dをとっても＊は言えますから，つまり∠ADCの大きさは<u>点Aの位置に関わらず一定</u>です．このことから点Dは，図の点線の円上を動く，ということがわかります．

ところで，点線の円の中心Oは弦BCの垂直二等分線上にあって，∠BDC＝$\frac{1}{2}$∠BOCが成り立つところなので，＊よりOは実線の円の周上に位置し，これは優弧BCの中点です．

そして，BA＋AC，つまりBDは，点線の円の直径に近くなるほど長くなるので，最大となるのは中心Oを通る(OとAが一致する)ときで，**Aが弧BCの中点となるとき**と言えます．

さて，話は逸れますが，そもそも私がなぜこれを考え始めたのか，下の図を見てください．

私のいる地点Pからは，どうしても稲村が崎が邪魔をして，江の島を望むことができません．

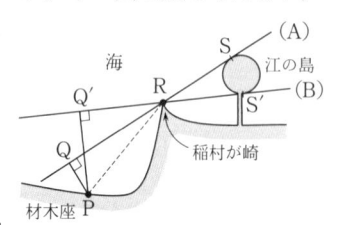

そこで，海をどのくらい泳げばその姿を見ることができるのか，それも最短コースで，と地図を拡げ，江の島を円と見立て，考え始めたわけです．そして，"もし，(A)ほんの少しでも姿を見たいならばQ地点へ""(B)江の島全体を視野に入れたいならばQ′地点へ"というのが，地図上から判断できる結論でした．

ならば次は，PQ＋QSとPQ′＋Q′S′はいったいどちらが短いのかなと興味が膨らんで，これはRS＝RS′ですから，PQ＋QRとPQ′＋Q′Rを比較すればよいことになります．そうするともう話が見えてきましたね．∠PQR＝∠PQ′Rですから，4点R，Q′，Q，Pは同一円周上にあり，PRは固定なので，QとQ′の円周上での位置によって比較できるわけです(補題1の結果から，PQ＋QSが短いことが判明しました)．

長々と述べてきましたが，この補題1を考えたのは，決して数学の勉強をしていたからではなく，単純な疑問から辿り着いた，ということを皆さんに伝えたくて…．そこで思い切って，次のように覚えやすく命名します．

<江の島定理1> （BA＋AC の最大値）

右図で，BA＋AC が最大となるのは，AB＝AC のときである（A は弦 BC の上側を動く）．

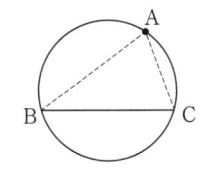

このことを利用して，99 年の青雲(一部略)の問題を考えてみてください．

問題 1. 図において，点 D が∠BDC＝90°を保ちながら動くとき，BD＋AD＋CD の最大値を求めよ．

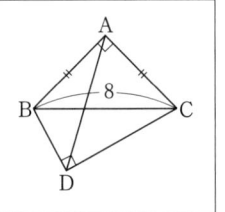

解答 $8\sqrt{2}+8$

続いては，次の問題を考えてみましょう．

問題 2. 右図の五角形において，∠P＝∠Q＝90°であり，また定線分 BC を見込む鋭角 BAC は常に一定である．A，P，Q が動くとき，$AP^2+PB^2+BC^2+CQ^2+QA^2$ が最大値をとるのは，点 A がどこにあるときか．

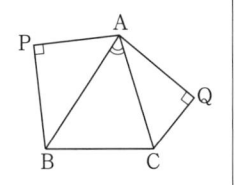

まあ角度一定から，点 A が BC を弦とする円周上を動くことがわかったとしても，かなり厄介な問題です．それと今度は，平方の形になっていますから，定理1とは本質を異にします．

そこで，次の補題2がヒントになります．

補題 2. 補題 1 の図において，BA^2+AC^2 の最大値を考えよ．

解法 まず BC が直径，つまり∠A＝90°のときは，三平方の定理から $BA^2+AC^2=BC^2$ が成り立ち，この場合は一定です．

続いて，∠A が鋭角のとき，鈍角のときを分けて考えてみます．それには次を利用します．

BC の中点を M とすると，
$$BA^2+AC^2=2(BM^2+MA^2)$$
が成り立つ．（中線定理）

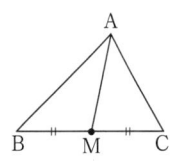

これの左辺に，補題2の目当てのものが現われていますね．では右辺はというと，BC が一定のとき当然 BM も一定で，そうすると結局，AM の長さによってこの式の値は決定されます．ですから，AM の変化を追ってみましょう．

・∠A が鋭角のとき

AM が最大となるのは，これが円の中心を通るときです（このとき，AM⊥BC となります）．

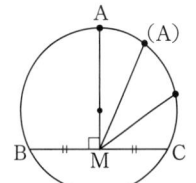

・∠A が鈍角のとき

右図からもわかる通り，AM が直径の一部となるときが最も短く，点 A が B または C に近づくほど長くなることがわかります．

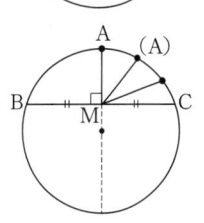

これらを，次のようにまとめます（定理1とは無関係ですが，何となく似てるので）．

<江の島定理2> （BA^2+AC^2 の最大値）

図で，BA^2+AC^2 が最大となるのは，

① 角 A が鋭角 ⇒ AB＝AC のとき
② 角 A が直角 ⇒ 一定(BC^2)
③ 角 A が鈍角 ⇒ A＝B，C のとき

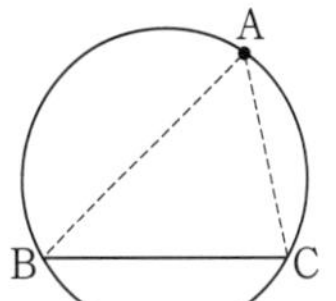

（A は弦 BC の上側を動く）

では，問題2に戻ります．

解法 三平方から，$AP^2+PB^2=AB^2$，$AQ^2+QC^2=AC^2$ ですから，$AB^2+BC^2+CA^2$ を考えればよいわけです．

ここで BC は一定ですから，もうわかったでしょう．AB^2+CA^2 は，定理2①より，**AB＝AC のときが最大**とわかります．

77

コラム③

"三角不等式"で示す，鎌倉遠足の集合場所

　この秋の鎌倉も，校外学習のたくさんの中学生で賑わっています．中でも訪問先の定番といえば，'鶴岡八幡宮''銭洗弁天''鎌倉大仏'という名所旧跡でしょう．

　これら3か所を地図上に示すと，右のようになります．最も離れている八幡宮と大仏で，直線距離にして約2kmと少し．最も近いのは八幡宮と銭洗弁天です．

　さて，あるクラスの校外学習で，次のような問題が噴出しました．

> 　3つの班を作り，それぞれの班がこれら名跡のいずれか1か所を訪れるという計画を立てます．
> 　帰りはバスが迎えにきてくれるので，3つの班はある1つの場所に集まることになっています．
> 　集合場所が自分たちの訪問先に近いに越したことはありませんが，なかなかそうとはいきません．話し合った結果，3地点から等距離の場所という意見も出ましたが，それでは<u>効率的</u>ではありません．
> 　さて，どのようにしたらよいでしょうか．

　名跡3地点を A，B，C，集合場所を P として，図示します．

（ただし，∠B は 120°以上の角です．）

➡注　もし仮に等距離であれば△ABC の外心です．

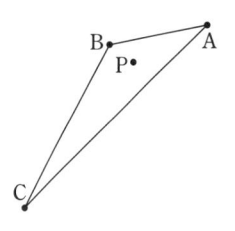

　'効率的'をどう捉えるかですが，

$$\boxed{AP+BP+CP\ (\cdots ☆)}$$

が最短，としましょう．主旨を，3つの班の歩く距離の総和を短くしようというものです．これは最短シュタイナー問題として知られていますが，一番大きい角が120°より小さい場合と，120°以上のときでは扱い方が異なります．今回，∠B≧120°から，後者のシュタイナー問題を扱うことになります．

●点 P の位置

　点 P が△ABC の外部だと，最短という条件を明らかに満たさず，ですから内部（あるいは周上）に置きます．

　図のように BC の延長上に，BA=BA'となる点 A'を準備します．

　また，△BPA
　　≡△BP'A'（…①）
となる点 P'をとり，以下のように BP を PP'へ置き換えます．

●BP と PP'の長さの比較

　①で，∠P'BA'＝∠PBA から，
　　∠ABA'＝∠P'BA'＋∠P'BA
　　　　　＝∠PBA＋∠P'BA＝∠PBP'
となります（図の○印どうし）．

　➡注　①の重なりがあれば'＋'が'－'へ．

　∠ABC≧120°より∠ABA'（○印）は 60°以下で，したがって∠PBP'≦60°です．

　そこで∠PBP'＝60°ならば BP＝PP'，∠PBP'が 60°より小さければ BP＞PP'となるので BP≧PP'が示されます（☞注）．

➡注 右図からわかるように，180°以下の中心角は，小さくなればなるほどそれに対する弧の長さも短く，必然的に端点を結ぶ弦の長さも短くなることがわかります．

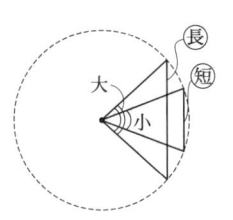

● 最短ルート

☆＝A′P′＋BP＋CP
　≧A′P′＋P′P＋PC ……………………②

こうした上で，この折れ線の最短をとれば，題意が満たされます．

そうなるのは，4点 A′，P′，P，C が一直線上に連なるときで，つまり3点 A′，B，C を通る直線と重なる場合だから，

②≧CA′＝CB＋BA′
　　　　＝CB＋BA

となって，これは点 P がちょうど頂点 B に重なる時の様子です．☆の**最短**はこうなります．

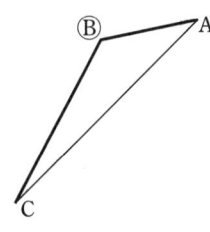

このように集合場所は'銭洗弁天'と決まりました．'鎌倉大仏'や'鶴岡八幡宮'を訪れていた班も，そこまで歩いて向かわなければならないですが…．

ところでついでと言ってはなんですが，今度は逆に☆の**最長**を考えてみます．"効率的ではない"最も遠い場所です．点 P が△ABC の内部または周上にある場合でやってみます．

● 三角不等式

三角形の3辺には，次のような関係があります．

AB＜BC＋CA
BC＜CA＋AB
CA＜AB＋BC

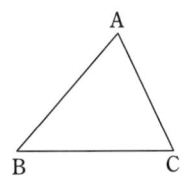

➡注 '＝'や'＞'では，三角形にならない．

'三角形の2辺の和は残りの1辺より長い'という事実です．これを**三角不等式**といいます．

古い本をパラパラとめくっていたら，次のような方法が載っていました．それを皆さんに紹介します．

● CP と CE の長さの比較

図のように点 P を通り AB に平行な直線と，各辺との交点を D，E とします．

そこで△CPE に着目し，点 C より直線 DE へ下ろした垂線の足を H とすると右図のようになり（∠EDC は鈍角だから），

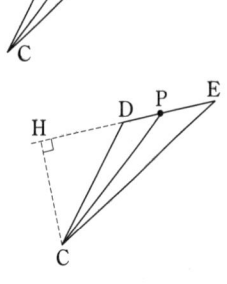

CH＜CP＜CE …③

です（☞注）．

➡注 この　　は，三平方の定理を以てして，
CH²＋HP²＜CH²＋HE²，CP²＜CE²
からでも明らかでしょう．

● 最長ルート

三角不等式から，

AP＜AE＋EP，BP＜BD＋DP

となるので，これと③から，

☆＜（AE＋EP）＋（BD＋DP）＋CE
　＝AC＋ED＋BD ……………………④

ここで△ABC∽△EDC より，ED＜CD
よって，

④＜AC＋CD＋BD
　＝AC＋CB ……⑤

となって，これは点 P がちょうど頂点 C に重なる時の様子です．☆の**最長**はこのようになります．

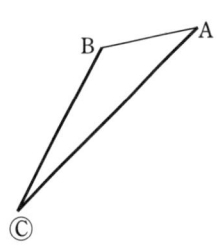

➡注 ④＜⑤ですが，④＝⑤のときは，△APE などがつぶれたときです．

こうして集合場所は'鎌倉大仏'となり，これが'効率的ではない'場合です．

鎌倉を，僕が案内するよ〜．

入試を勝ち抜く数学ワザ㊱

立方体を削ぐ

今回は体積です．度々入試でも登場する定番ばかりを揃えましたが，気楽に楽しんでくださいね．では！

問題 1． 一辺6の立方体がある．これを次のような各面で切断するとき，それぞれの立体の体積を求めよ．

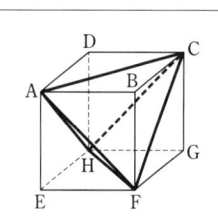

（1） 面AFC, CFH, HCA, AHFで切り落とした残り．

（2） 面AFC, BDEで切断し，右図のように点P, Qをとる．
　① 立体PQ-BFC
　② 立体PQ-DEFC

（3） 面AFC, AHC, DEB, DGBで切断した残り．

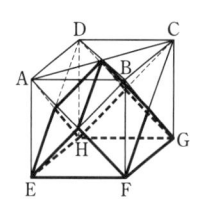

（1）はポピュラーで超重要．（3）は，（2）②を複雑にしたもの．

解法 （1） 立方体から，4つの合同な三角すい(Ⓐ)を取り去ります．
ここで，
$$Ⓐ = 6 \times 6 \times \frac{1}{2} \times 6 \times \frac{1}{3} = 36$$
ですから，
$$6^3 - Ⓐ \times 4 = 6^3 - 36 \times 4 = \mathbf{72}$$

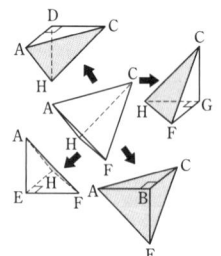

➡注 残った立体は"正四面体"．逆に正四面体を囲み，立方体を作る手法も入試の必須．

（2）① 三角すいA-BFC(Ⓐ)から，四面体APQB(Ⓑ)を取り除きます．
ところで，
$$Ⓑ = (三角すい A\text{-}BFC \; Ⓐ) \times \frac{AP}{AC} \times \frac{AQ}{AF}$$
$$= 36 \times \frac{1}{2} \times \frac{1}{2} = 9$$
よって求める体積は，
$$Ⓐ - Ⓑ = 36 - 9 = \mathbf{27}$$

➡注 右図のような三角すいにおいて，
（三角すい O-PQR）
＝（三角すい O-ABC）
$$\times \frac{OP}{OA} \times \frac{OQ}{OB} \times \frac{OR}{OC}$$

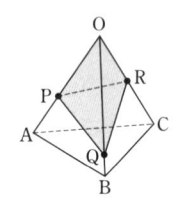

また，Ⓑを直接求めることもできます．
右図のように辺ABの中点Mをとると，
面PMQ⊥AB　なので，
$$Ⓑ = \triangle PMQ \times AB \times 1/3$$
を計算すればよいわけです．

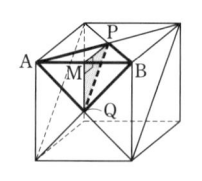

（2）② 三角柱CBF-DAEから，三角すいA-CBF, B-DAE（共にⒶ）を取り去ります．ですがこれでは，色付部分(Ⓑ)を重複して減らしていますから，逆に一つ分を加えてあげます．

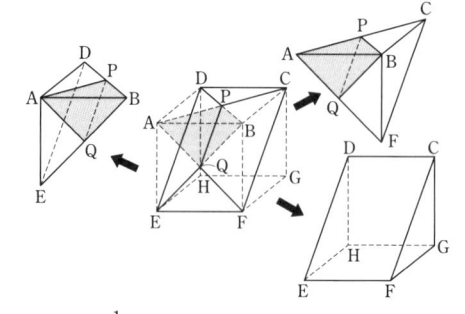

$$\therefore \; 6^2 \times \frac{1}{2} \times 6 - Ⓐ \times 2 + Ⓑ = \mathbf{45}$$

（3） 三角すい(Ⓐ)を4つ取り去ります．すると，先ほどと同様に重複がありますから，これ（色付Ⓑ）らを4つ加えます．

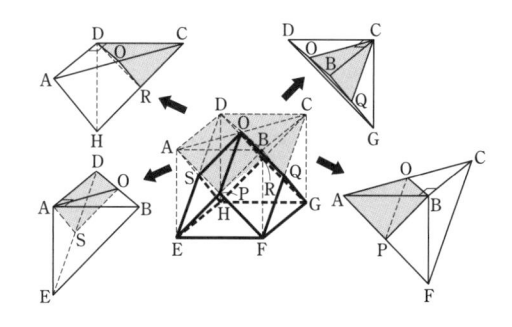

∴ $6^3 - Ⓐ \times 4 + Ⓑ \times 4 = \mathbf{108}$

あるいは，次のようにもできます．

実線の直方体は，立方体を四等分したものの一つです．それはつまり，太線部分(Ⓒ)を4つ集めると求める立体になる，ということです．

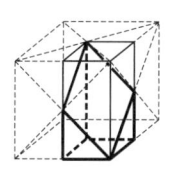

そのⒸは，"直方体の半分"ですから，結局求める体積は立方体の半分です．

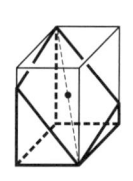

➡注 直方体の中心を通るように切断すると，体積は二等分されます．

では続いて，00年の東工大附の問題(一部略)をやってみましょう．

問題 2． 図は一辺が 2cm の立方体で，点 I, J, K, L, M, N はそれぞれの辺の中点である．

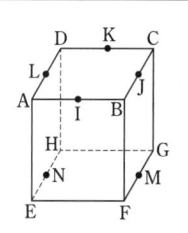

この立方体を3つの平面 LEFJ，IFGK，および ANMB で切ってできる立体のうち，3点 B, I, J のすべてを頂点にもつ立体の体積を求めよ．

解法 求めるのは太線の立体の体積です．

ここで，面 BFGC に対して，IB, OJ, QP はすべて垂直なので，求める体積は，

$\triangle \text{BPJ} \times \dfrac{\text{IB}+\text{OJ}+\text{QP}}{3}$

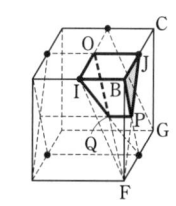

と計算されます(➡注)．
IB = OJ = 1, QP = 0.5 より，

$1 \times 1 \times \dfrac{1}{2} \times \dfrac{1+1+0.5}{3}$

$= \dfrac{5}{12}$ (cm³)

➡注 右図において，$S \perp a, b, c$ のとき，その体積は，

$S \times \dfrac{a+b+c}{3}$

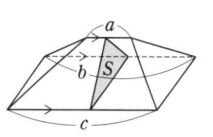

最後は，95年の武蔵(一部改)です．

問題 3． 一辺の長さが $\sqrt{2}$ の2つの正三角形 ABC, DEF と，6つの互いに合同な直角二等辺三角形とを面としてもつ図のような八面体の体積を求めよ．

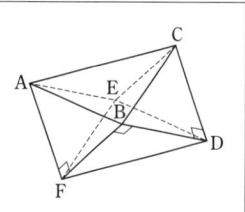

実はこれは…．

解法 右図のように，立方体から2つの三角すいを除いたものだったのです．

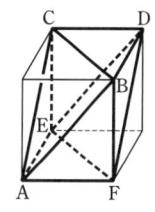

∴ $1^3 - \dfrac{1}{6} \times 2 = \dfrac{2}{3}$

➡注 右図のように出題されることもあるので，注意しておきましょう．

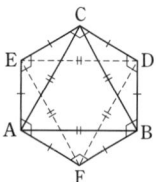

参考 四角錐の上側の体積

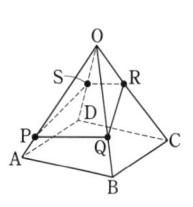

△OAC（or △OBD）で2つの三角錐に分け，p.80の体積比を利用する．

（全体 $\times \dfrac{\text{OP}}{\text{OA}} \times \dfrac{\text{OQ}}{\text{OB}} \times \dfrac{\text{OR}}{\text{OC}} \times \dfrac{\text{OS}}{\text{OD}}$ は間違い．）

入試を勝ち抜く数学ワザ㊲

浮かび上がる'正六角形'のフォルム

立体を眺める方向を少し変えるだけで，それは全く異なる別世界をかもし出します．ましてやこれを精密に描こうとなると，その位置関係を正しく把握するのは実はとても難しい作業なのです．

例えば，次の問題もそうです．

問題 1. 立方体を，図のように△DEB，△CHF で切り取った八面体を作る．この立体を，△DEB の真上の方向から見たときの周囲（輪郭）はどのようになるか．

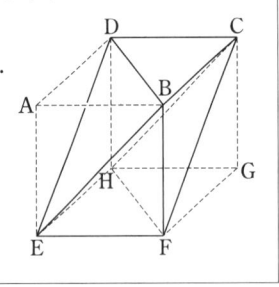

斜め上から立体の切り口を眺めることになります．普段はまったく見慣れない方向ですよね．いったいどんな形として映るのでしょうか．

それには，八面体を構成する四組の対面がそれぞれ対になっていることを利用しない手はありません．対称の軸を上手く見出すことで，正則な図形が出来上がります．

解答 辺 BD の中点 M，辺 FH の中点 N を取って面 MENC を考えると，八面体はこれについて面対称です．それにこの四角形 MENC は，立方体の中心を含むことなどから左右反転の対称性が言えて，平行四辺形になることに注目しましょう(…①)．これがポイントとなります．

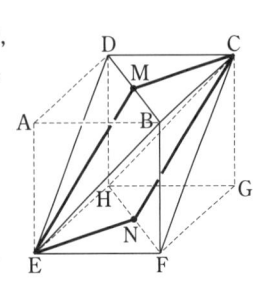

さらに同様に辺 BE の中点 L，辺 CH の中点 K をとり，四角形 DLFK を見れば，八面体はこの平行四辺形についても面対称で，立方体の中心を含みます(…②)．

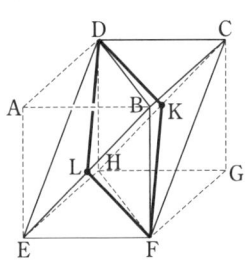

同様に四角形 BIHJ も平行四辺形で，これについて面対称です(…③)．こちらも立方体の中心を含みます．

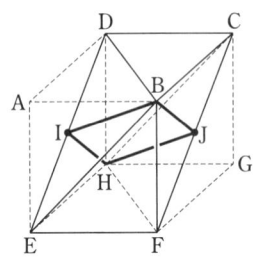

以上①②③で平行四辺形が出てくることからもわかるように，正三角形 DEB と裏側の正三角形 CHF の位置関係は平行であって，しかしその向きは揃っていません．

△DEB を真正面から見れば，①より直線 CE について対称で，一方②の見方では，直線 DF について対称でもあり，③より BH も同じです．

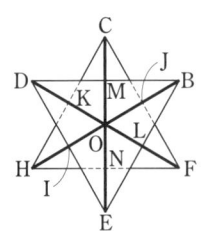

そこでこれら直線へ目を移しましょう．M，L，I は三角形の各辺の中点なので，EM，DL，BI は中線で，これらの交点 O は△DEB の重心となります．△CHF についても同様です．つまりこの二枚の正三角形は，重心を基点として回転させたものと捉えることができます．

そうするとこの輪郭は点 C，D，H，E，F，B を頂点とする六角形になって，

∠COD（MOD）= 60°

から，**正六角形**となることがわかります．

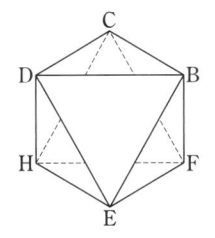

さて，もし問題1で△DEB，△CHFを切り落とさなかったならどうでしょう．つまり立方体そのままに，△DEBの側から見た場合です．

これには，次のような出題があります．

問題2．右図のように平面α上に，一辺1の立方体を対角線AGが垂直になるように置く．

この立体を真上から照らす時，平面α上に映る立方体の影の面積を求めよ．

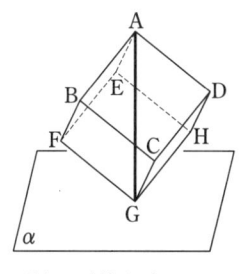

影という表現でより鮮明に輪郭を映し出す工夫を凝らしています．

解答 図のように，AGを大黒柱として，その他の骨格も描いてみます．

△ABG≡△ADG≡△AEGという三枚の三角形が架台となり，正三角形DEBを支えます．するとこの三角形はAGと垂直な関係にあり，このことから平面αと平行の位置となります．また正三角形CHFも，これと同様のことが言えます．

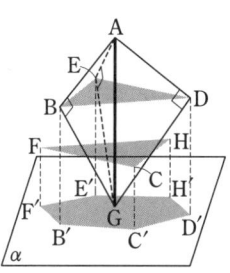

つまり，'△DEB∥△CHF∥平面α'から，後は問題1と同じように進めるだけです．この立体を，平面αと垂直に照らしますから，できる影B'C'D'H'E'F'は正六角形になります．

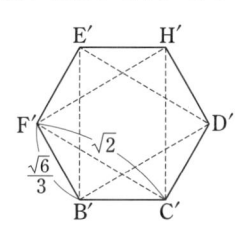

そこで元になる正三角形の一辺は$\sqrt{2}$なので，その周囲にできる正六角形の一辺は，

$\dfrac{\sqrt{2}}{\sqrt{3}}=\dfrac{\sqrt{6}}{3}$ です．したがって，求める面積は，

$\left\{\dfrac{\sqrt{3}}{4}\times\left(\dfrac{\sqrt{6}}{3}\right)^2\right\}\times 6=\sqrt{3}$ となります．

さて，次は大学入試の問題にチャレンジです．

問題3．正八面体のひとつの面を下にして水平な台の上に置く．この八面体を真上から見た図(平面図)を描け．

これは，08年に東大で出されました．

右図で，△A'B'C'を台に置けば，△ABCが真上にきます．

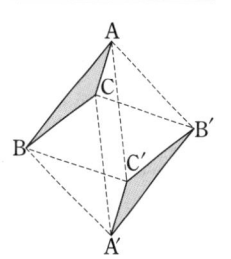

解答 辺BC，B'C'の中点をそれぞれM，Nとすると，正八面体はひし形AMA'Nについて面対称です(…③)．ひし形の対辺は平行で，このひし形に対して，BCとB'C'は共に垂直ですから，△ABCと△A'B'C'は平行な位置関係にあります．

また，辺AC'，A'Cの中点をそれぞれL，Kとし，今度はひし形BLB'Kを考えます(…④)．二枚の正三角形が平行の位置にあること，さらに③，④より，先ほどの問題1と同様に考えれば，右図のような正六角形が答えとなります．

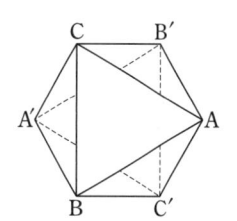

この大学入試問題，どうも問題1と何かしらの関連がありそうですね．問題1では立方体から二平面での切断でしたが，問題3の正八面体は少し斜めにした'ひし形六面体'から作り出せる立体なのです．

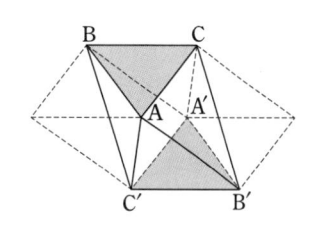

➡注 ひし形六面体とは，6つの面が合同なひし形で作られている六面体です．

➡注 他にあるいは，立方体と正八面体の双対性より説明できます．

入試を勝ち抜く数学ワザ㊳

長方形を折った立体の高さはどこ？

今回は，06年の城北の問題（一部改題）から．

問題 1. AB=$2\sqrt{3}$ cm，BC=6cm である長方形 ABCD を対角線 BD を折り目として折り曲げる．
（1），（2）のとき，4点 A，B，C，D を結んでできる三角錐 A-BCD の体積を求めよ． 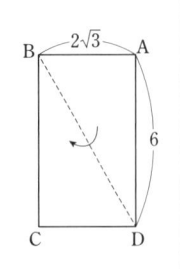
（1） 頂点 A が辺 BD の真上に来るとき
（2） 頂点 A が辺 BC の真上に来るとき

図1のイメージを持つといいでしょう．△DAB を BD を軸として回転させます．頂点 A の軌道は，AH を半径とし中心 H の頭上を通り越し対称点 A′ までの半円を描きます（図2）．

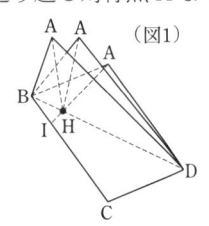

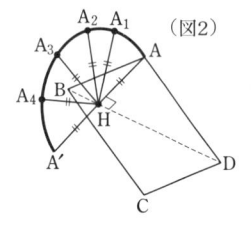

解法（1） 図4．題意より，AH⊥△BCD，底面を△BCD，高さを AH とみなします．
図3から，△BAD∽△BHA．AH=3．
求める体積は，

$$2\sqrt{3} \times 6 \times \frac{1}{2} \times 3 \times \frac{1}{3} = 6\sqrt{3} \text{ (cm}^3\text{)}$$

（2） 図5．題意より，AI⊥△BCD．高さは AI です． 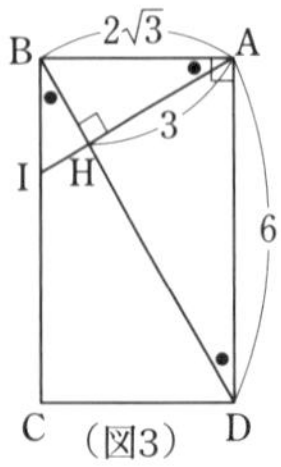
図3において，△IHB も同様の相似形で，BH=$\sqrt{3}$ から，HI=1．

そこで，図5の△AIH で，AI=$2\sqrt{2}$．
よって三角錐の体積は，

$$2\sqrt{3} \times 6 \times \frac{1}{2} \times 2\sqrt{2} \times \frac{1}{3} = 4\sqrt{6} \text{ (cm}^3\text{)}$$

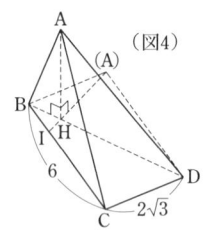

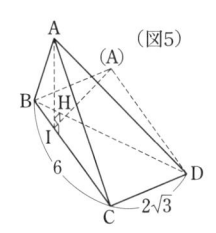

ご覧のように，（1），（2）共に四面体です．元にした長方形では2面たりないので，右図のように残りを補えば図5の展開図も完成です．

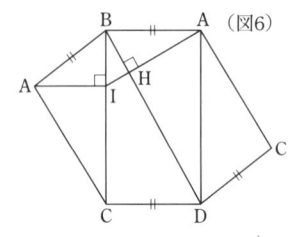

このことを08年の筑波大附の問題で確認してみてください．

問題 2. AB=2cm，BC=4cm の長方形 ABCD の紙がある．この長方形を対角線 BD にそって（1），（2）のように折り曲げたとき，三角すい A-BCD について体積を求めよ．
（1） 側面 ABD が底面 BCD に垂直
（2） 側面 ABC が底面 BCD に垂直

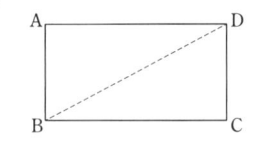

解答（1）$\dfrac{16\sqrt{5}}{15}$ (cm^3)　（2）$\dfrac{4\sqrt{3}}{3}$ (cm^3)

ここまでは長方形を折ったものでしたが，その対象は直角三角形でも同じです．12年の東京学芸大附（一部略）の問題です．

問題 3. 図7の△ABC において，AB=4cm，BC=5cm，CA=3cm であり，点 M は辺 BC の中点である．この△ABC において，△CAM を直線 AM を軸として回転させたものが図8である．

84

(図7) (図8)

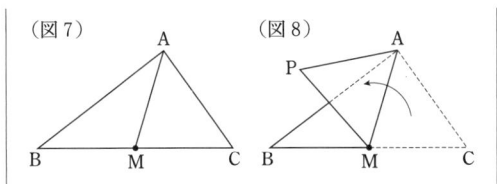

（1） 図8において，四面体PABMの体積が最大となるとき，その体積を求めよ．
（2） 図8において，点Pから3点A，B，Mを含む平面にひいた垂線と平面との交点をHとし，線分PHの長さを$l$cmとする．点Hが△ABMの辺上，または内部にあるとき，lの値の範囲を求めよ．

AMを2倍に延長すると長方形で，これをADで折れば同様に扱えます．

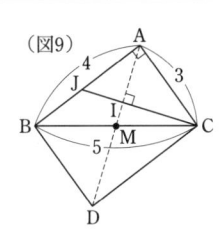

略解 （1） 体積の最大は，点PがIの真上にあり，PI⊥△ABMのときです．

図9で，C(P)I=12/5より，体積は $\dfrac{12}{5}$ cm^3

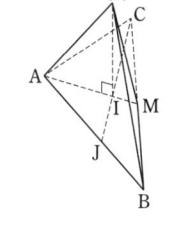

（2） 題意のHは，図9の線分IJ上にあります．そこでPHの最大値は（1）のPIです（図2の点Aの動き参照）．

最小値はPJで，図9でIJ=$\dfrac{27}{20}$ より，△PJIの三平方で，PJ=$\dfrac{3\sqrt{7}}{4}$

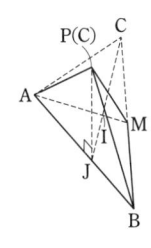

∴ $\dfrac{3\sqrt{7}}{4} \leq l \leq \dfrac{12}{5}$

さてここで，問題1(2)の完成図（図5）をみてください．できあがった立体を今度は△DABを底面とみたときに高さを与えます．

ここで改めて展開図（図6）を確認すると，BDの中点について展開図が点対称であることがわかります．

このことから，'△BCDを底面とする高さAI'と'△DABを底面とする高さCJ'は対等です．

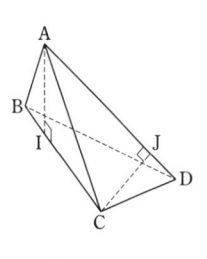

そこで，先ほどの問題2を利用した次の出題を考えてみてください．（4）は実際の出題です．

問題2.（3）（2）において，側面ABCの頂点Aから底面BCDへ下ろした垂線の足をI，側面CDAの頂点Cから側面DABへ下ろした垂線の足をJとする．このとき，三角すいA-ICDとC-JABの両方に含まれる部分の体積を求めよ．
（4）（2）において，辺BCの中点をM，平面ABD上を動く点をPとする．線分CPとPMの長さの和の最小値を求めよ．

対等性の利用です．

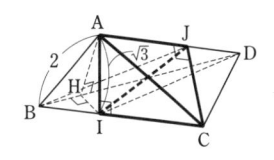

解法 （3） AB=2，AI=$\sqrt{3}$ から，
BI=DJ=1
IC=JA=3

これより，$\dfrac{4\sqrt{3}}{3} \times \dfrac{3}{4} \times \dfrac{3}{4} = \dfrac{3\sqrt{3}}{4}$ cm^3

（4） 面BCQは3点C，P，Mを含むとします．

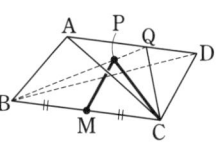

ここで，最も短いCP+PMを求めるために，点Cを面ABDについて対称に移動した点C'を取ります．

それにはCQ⊥ADなので，点Qは（3）の図のJと一致します．

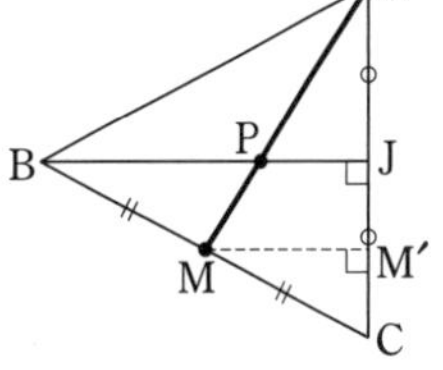

JM'=JC/2=AI/2
　　=$\sqrt{3}$/2

より，C'M'=$3\sqrt{3}/2$
MM'=BJ/2=DI/2
=$\dfrac{\sqrt{AD^2-AI^2}}{2} = \dfrac{\sqrt{4^2-(\sqrt{3})^2}}{2} = \dfrac{\sqrt{13}}{2}$

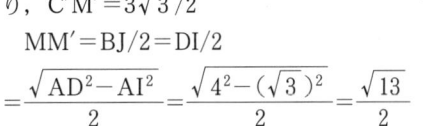

これより，求める値は $\sqrt{10}$ cm です．

入試を勝ち抜く数学ワザ㊴

空間での最短経路

皆さんは,「平面上で折れ線の最短経路を求める」問題を,一度は解いたことがあるでしょう.そこで今回は,これを空間にまで拡げて,'平面上'というところを,"空間内"として,その最短経路を求めてみましょう.

"空間"とくると,想像するだけでギョッとするかも知れませんが,入試でそれがしっかりと出題されています.

そこで,これを解くために必要な知識ですが,根本となる考え方は,平面の場合とまったく同じで,端点(始点や終点のこと)を対称にとって,それを直線で結びます.ただこれを,直線に関して対称にとるのではなく,平面について対称にとる作業が要求されますから,そこが厄介です(図1).

AP+PB の最小値

・直線　　　・平面

図1

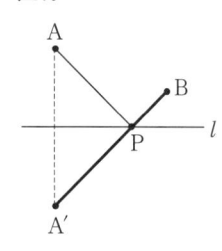

点 A と A′ は直線 l について対称　　点 A と A′ は平面 α について対称

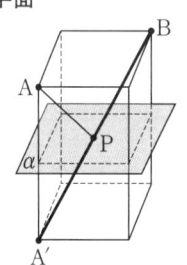

対称点のとり方が,最初はやりにくいかもしれませんが,'点を移す'というよりも,"点を含んだ枠ごと移す"とみたほうが,考えやすいのではないでしょうか.

そして移した後は,これまでと同じように,両端点を直線で結べば最短経路の完成となるわけです.つまり,平面でも空間でも考え方はまったくいっしょ,ということですね.

それではおまちかね,00年の入試からラ・サールの問題です.

問題 1. 図は1辺の長さが2の立方体で,R は DC の中点である.正方形 EFGH,BFGC 上にそれぞれ点 P,Q を取る.このとき,線分の和 AP+PQ+QR の最小値を求めよ.

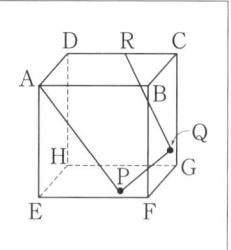

端点 A,R を平面について,対称にとることから始めます.そしてこれは,さきほどいったように,立方体の枠ごと移す,と考えた方が分かりやすいでしょう.

解法 まず AP+PQ は,これは,点 P の乗っている平面 EFGH で折れ線が跳ね返りますから,図2のように,立方体全体を面 EFGH について対称に移して,点 A の対称点 A′ をとります.これによって,AP+PQ=A′P+PQ となり,この最小値は A′ と Q を直線で結んだものです.

続いて A′Q+QR の最小値ですが,これは点 Q の乗っている平面 BFGC で折れ線が跳ね返りますから,図3のように,これについて対称に移して,点 R の対称点 R′ をとります.

図2　　図3

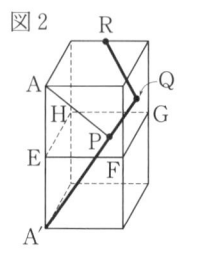

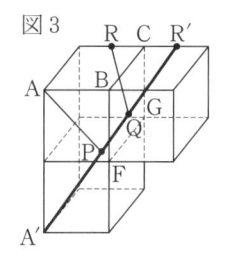

これより,A′Q+QR=A′Q+QR′ の最小値は,端点 A′ と R′ を直線で結んだものになります.

(このとき点 P, Q は，それぞれ正方形 EFGH, BFGC 上にありますから，題意を満たしています．)

よってこの長さは，図 4 から分かるように，

$$A'R' = \sqrt{2^2 + 3^2 + 4^2} = \sqrt{29}$$

となります．

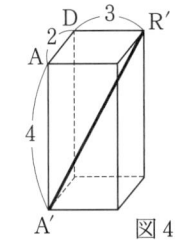

続いては，以前に私が塾の模試で出題したものを紹介します．

問題 2. 右図の正四角すい台 ABCD-EFGH は正四角すい O-EFGH から，正四角すい O-ABCD を取り除いたものであり，AB=2, EF=4, AE=3 である．

（1） GH の中点を M とするとき，∠FOM の大きさを求めよ．

（2） 平面 CGHD 上に点 P をとり，FP+PA の長さを最小にしたい．このとき，この長さを求めよ．

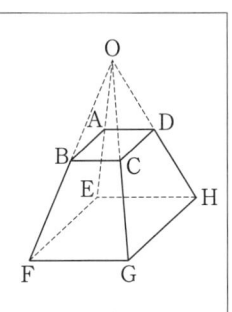

（1）は△FOM を利用して，その辺の長さから，特別角を導きます．また（2）は'平面'ですから，点 P を台形 CGHD の内部でも，周上でも，また外部にとっても構いません．

解法 （1） まず，△FOM の三辺の長さは，OF=6, FM=$2\sqrt{5}$, OM=$4\sqrt{2}$ です．

ここで図 5 のように，頂点 F から OM へ垂線 FI を下ろすと，OI=FI=$3\sqrt{2}$ で，△OFI は三辺の比が $1:1:\sqrt{2}$ の直角三角形ですから，∠FOM=**45°** といえます．

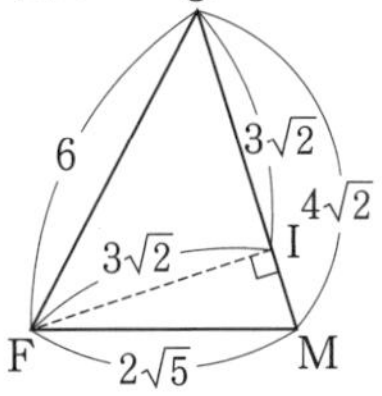

（2） 問題 1 と同様に，折れ線が空間内で跳ね返りますから，平面について，図形を対称に移して考えます．

図 6 は四角すい O-EFGH を，面 CGHD について対称に移したもので．点 A', E' はそれぞれ点 A, E の対称点です．

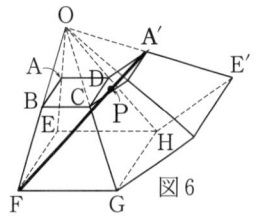

したがって，この図形において，両端点 F と A' を直線で結べば，FP+PA の最小値が求まるわけです．

そこで図 7 のように，図 6 の立体を，面 OFE' で切断します（もちろん点 P はこの平面上にあります）．この立体は面 OGH（と GH の垂直二等分面）について対称ですから，切断した面は GH の中点 M を含みます．

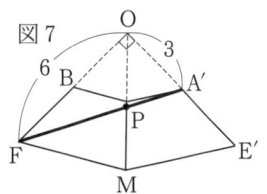

ここで，OF=6, OA'=3, また（1）より ∠FOM=45° でしたから，∠FOA'=90° となって，これより，(FP+PA=)FA'=**$3\sqrt{5}$** となります．

ところでこの場合，点 P はいったいどこにくるのでしょうか．さきほどの図 7 から考えると，OP=$2\sqrt{2}$ となりますから，点 P は OM の中点，つまり辺 CD の中点にある，ということになります．ですから，折れ線 FP+PA は，図 8 のような状態であるといえます．

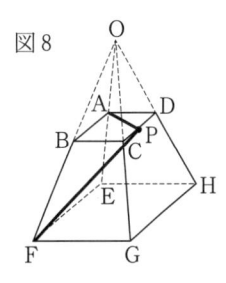

以上いかがでしたか．普段はあまり遭遇することの少ない，"空間での折れ線"の最短経路ですが，入試に備えて一度は触れておく必要があると思い，今回取り上げました．

皆さん，空間図形といえどもひるまずに，平面図形と同じように考えていってください．

入試を勝ち抜く数学ワザ㊵

バッ！と広げろ
"直線反射"

今回は，06年に東京都立国分寺高校で出題された1題を取り上げます（一部略）．いわゆる"自校作成問題"とよばれるものですが，とても骨のある問題です．

問題 1. 下図の，AB＝6cm，BC＝12cmの長方形 ABCD の辺 CD の中点を O とする．

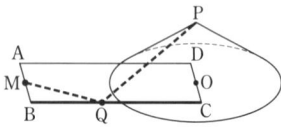

このOを中心とし，底面の半径6cm，高さ4cmで頂点をPとする円すいがある．

いま，BC 上に点 Q を取り，AB の中点 M について，線分 MQ と線分 QP の長さの和が最も短くなるとき，線分 BQ の長さは何 cm か．

題材は'最短の経路'ですね．
この問題へ向かう前に，少し浚いをしておきましょう．

問題 2. 右図の直方体の辺 BF 上に点 P を取り，AP＋PG の長さを最小にしたい．

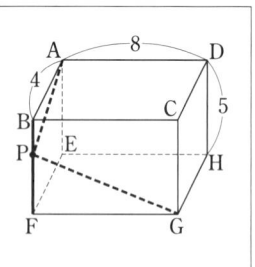

このとき，その最小の長さを求めよ．

解法 '展開図を描く'つまり平面になるように広げるのが定石でした．
そうすると右のよ

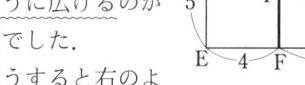

うな図になり，直線で結ぶので，△AEG で考えて，**13** が答えです．

この問題2，図形の表面上を通ることから，'表面上での最短距離'あるいはそのまま'展開図上での最短距離'などとも言いますが，視点を変えれば，直線 AP と直線 GP が'辺 BF で反射している'と見ることができます．そこでこの手の問題を，"直線反射"と呼ぶことにします．

次のような問題ではどうでしょうか．折れ線が図形の内部にまで達していますが，手法はこれまでと変わりません．

問題 3. 図のような1辺が1の立方体がある．この立方体の辺 BF 上に点 P を取って，AP＋PH の長さを最小にしたい．

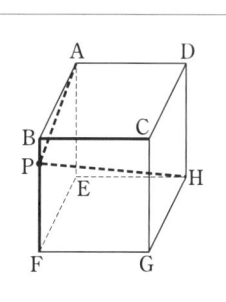

このとき，
BP：PF の比を求めよ．

'面 ABFE と面 BFHD がつながった平面'になるよう広げれば解決です．展開図とまではいかなくとも，面 BFHD を思い切って広げてみましょう．

右図のようなイメージ作りができるといいですね．

平面を広げる角度は135°ですが，その先はこれまでと何ら変わりません．

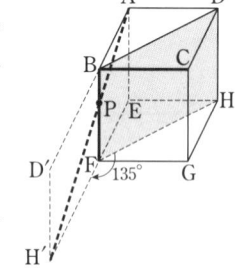

解法 AB＝1，BD＝$\sqrt{2}$ なので，相似を使って，BP：PF＝**1：$\sqrt{2}$** です．

続いては反射する線分が，立体の辺になっていないケースです．こちらはグンと難しくなります．

立体図形

88

問題 4. 右図の直方体において，点 P が線分 IJ 上にあるとき，BP+PG の最小値を求めよ．ただし，IJ // EH とする．

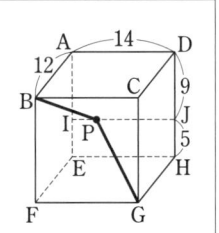

次のように考えます．

解法 B, C, P を含む平面を右図のように，G, J, C′ が一直線上になるように，IJ を軸に回転させます．

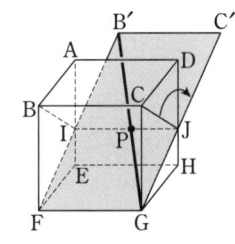

こうして最小値は B′P+PG で考えます．
$JG = \sqrt{5^2 + 12^2} = 13$ 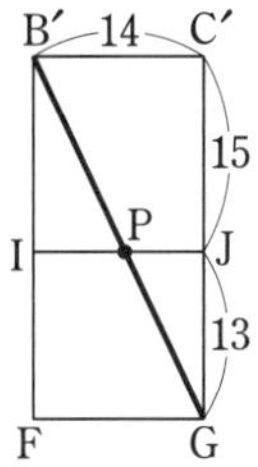
$JC' = JC = \sqrt{9^2 + 12^2} = 15$
求める最小値は，
$B'G = 14\sqrt{5}$

➡ **注** 右図のように点 B を面 AEHD について対称に移動するとどうなるでしょうか．

すると対称性より，B″G と面 AEHD の交点は，その真ん中となります．つまり IJ 上ではなくなり，題意と異なってしまいます．

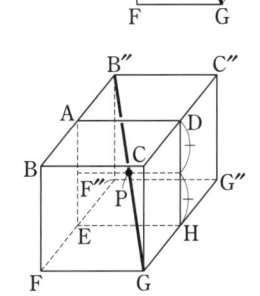

ではもう 1 題．東大寺学園からの出題です．

問題 5. 1 辺の長さが 6 の立方体 ABCD-EFGH がある．

辺 AD, EH 上にそれぞれ AM=EN=2 となる点 M, N をとる．対角線 AC, BD の交点を O とする．

線分 MN 上の点 P をとって FP+PO の値を考える．この値が最小になるときの NP の長さを求めよ．

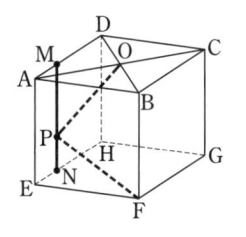

こちらも考え方は一緒です．図のように広げて，平面で考えましょう．

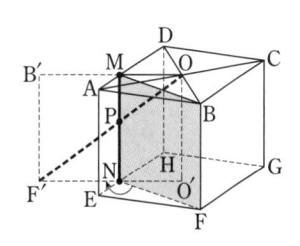

解法 この立体を真上から見ることにします．すると
OM : BM = 1 : 2
より，つまり上図で言えば，
OM : F′N = MP : NP
= 1 : 2
となります． ∴ NP=4

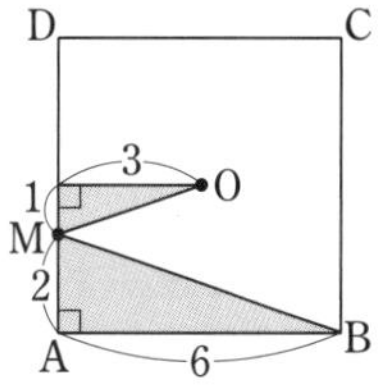

みなさん，もう大丈夫でしょう．それではようやく最初の問題 1 に戻ります．

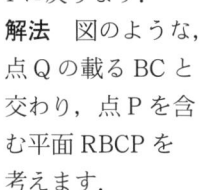

解法 図のような，点 Q の載る BC と交わり，点 P を含む平面 RBCP を考えます．

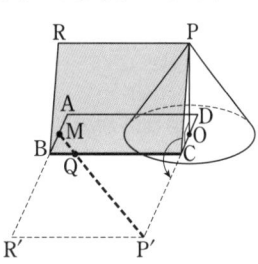

OC=3, PO=4 から，PC=5 となり，この平面を上図のように広げ，M と P′ を結びます．
MB : P′C
= BQ : CQ = 3 : 5
∴ $BQ = \dfrac{9}{2}$ (cm)

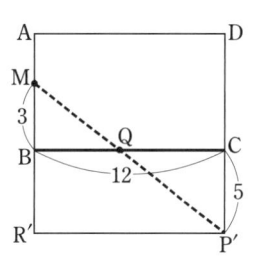

━━━━ ミニコラム・Ⅷ ━━━━
半正多面体の展開図およびその一部

① （2011 開成） ② （2006 桐蔭学園）

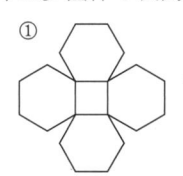

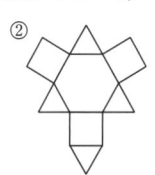

③ （2011 早稲田実業）

① 切頂八面体 → p.97 ② 立方八面体の半分 → p.93 ③ 切頂四面体 → p.93

89

入試を勝ち抜く数学ワザ㊶

"双対性"は作題のタネ

正多角形における中心とは，その図形の重心の位置です．今回の話題は"正多角形の中心を結ぶ"こと，まずはその位置を確認しておきましょう．

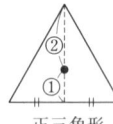

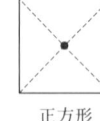

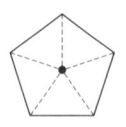

正三角形　正方形　正五角形

それでは，次の問題をやってみましょう．

問題 1. 一辺が a の正四面体 A の各面の重心を結んで出来る立体を A_1 とする．
（1） 立体 A_1 の名称を答えよ．
（2） 立体 A_1 の各辺の長さはいくつか．
（3） 立体 A と A_1 の表面積の比と体積の比をそれぞれ求めよ．

3面を選び結ぶと，正三角形となります．

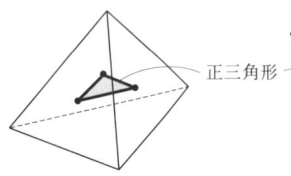

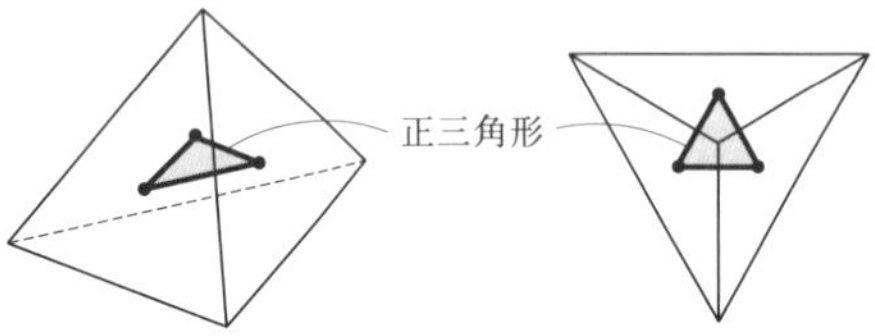

正三角形

見取り図　　　真上から

解法 （1） それぞれの面の重心を G_1，G_2，$\cdots$，とすると，$\triangle G_1G_2G_3$，$\triangle G_1G_2G_4$，$\cdots$，これらはすべて正三角形で，できる立体は4つの合同な正三角形の面を持ちます．その対称性から，**正四面体**となります．

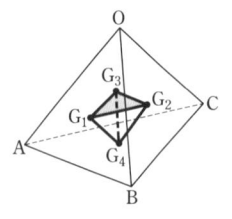

（2） 辺 G_1G_2 と辺 AC で比較してみましょう．面 $G_1G_2G_3$ と面 ABC は平行なので，真上から見た図で考えます．

点 M を中点とすると，$OG_1 : G_1M = 2 : 1$ で，点 N についても同様にして，$MN \mathbin{/\mkern-2mu/} G_1G_2$ です．さらに中点連結定理から，$AC \mathbin{/\mkern-2mu/} MN (\mathbin{/\mkern-2mu/} G_1G_2)$ で，

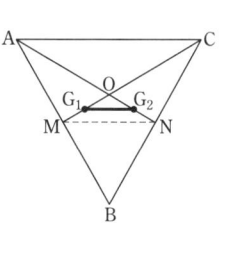

$$G_1G_2 = \frac{2}{3}MN = \frac{2}{3} \times \frac{1}{2}AC = \frac{1}{3}a$$

（3） 立体 A と A_1 は，共に正四面体です．その相似比は（2）の辺の比から **3：1** であることがわかります．

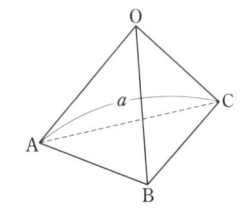

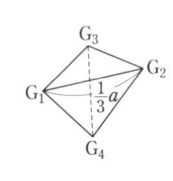

したがって表面積の比と体積の比はそれぞれ $3^2 : 1^2 = \mathbf{9:1}$，$3^3 : 1^3 = \mathbf{27:1}$ となります．

このように，「立体の各面の中心を結んで，内部に別の立体を作る問題」は，入試でもしばしば出題されます．ところで，'元の立体'と'生み出される立体'のペアの関係は『双対』と呼ばれます．今の例では，

	双対	
正四面体	⇔	正四面体
（相似比）	3 ： 1	

といえます．

また明らかですが，立体 A_1 の内部に立体 A_2 を作っても，やはり正四面体です．

ところで，いつでもペアの立体が相似とは限りません．それが次の問題です．

問題 2. 一辺が b の立方体 B の各面の中心を結んで出来る立体を B_1 とする．さらに同じようにして立体 B_1 の内部に立体 B_2 を作る．

（1） B_1 の名称を答えよ．
（2） B_1 の一辺の長さはいくつか．
（3） B と B_1 の体積の比を求めよ．
（4） B_2 の名称と一辺の長さを答えよ．
（5） B と B_2 の体積の比を求めよ．

解法 （1） でき上がる立体 B_1 は 6 つの頂点を抱えます．これらを結ぶと右図のように，8 つの合同な正三角形を面に持ち，対称性も保たれますから，**正八面体**となります．

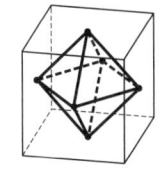

（2） 図で頂点 $G_{2\sim 5}$ は立方体 B の壁面上にあるので，真上から見るとこうなります．

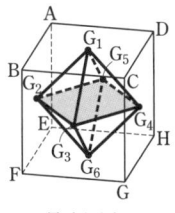

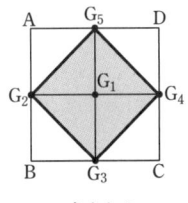

見取り図　　　　真上から

また面 $G_2\cdots G_5$ は，面 ABCD と平行なので，辺 AB と辺 G_2G_3 で比較しましょう．すると，
$G_2G_3 = \dfrac{\sqrt{2}}{2}AB = \dfrac{\sqrt{2}}{2}b$ となります．

ということは，'立方体' と '正八面体' は "双対な図形" なのです．

双対
立方体 ⇔ 正八面体

（3） 立体 B の体積は b^3 で，一方 B_1 は正八面体です．この正八面体は上図で G_1-$G_2G_3G_4G_5$ の正四角錐が 2 つあるとして，

$G_2G_4 \times G_3G_5 \times \dfrac{1}{2} \times \dfrac{1}{2}G_1G_6 \times \dfrac{1}{3} \times 2$

$= b \times b \times \dfrac{1}{2} \times \dfrac{1}{2}b \times \dfrac{1}{3} \times 2 = \dfrac{1}{6}b^3$　∴　**6 : 1**

（4） 今度は，'正八面体' との双対性です．右側上図のように，8 つの頂点を結ぶと 6 つの合同な正方形で囲まれなおかつ対称なので，立体 B_2 は **立方体** となります．

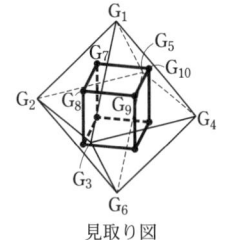

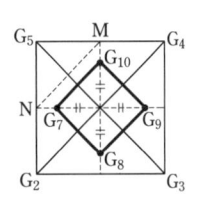

見取り図　　　　真上から

真上から眺めた図を利用し，

$G_{10}G_7 = \dfrac{2}{3}MN = \dfrac{2}{3} \times \dfrac{1}{2}G_2G_4$

$= \dfrac{1}{3}AD = \dfrac{1}{3}b$

（5） （4）より，立体 B と B_2 は共に立方体となります．そして一辺の長さは，b と $\dfrac{1}{3}b$ ですから，相似比は 3 : 1 で，その体積比は $3^3 : 1^3 = $ **27 : 1** となります

つまりこういうことです．この先も "双対性" は，交互に繰り返されますから….

	双対		双対		双対	
	立方体	⇔	正八面体	⇔	立方体	⇔ 正八面体
（相似比）	3	:	1			
（相似比）			3	:	1	
（体積比）	162	:	27	:	6	: 1

別の正多面体〈正十二面体〉，〈正二十面体〉の場合はどうでしょうか．やっぱり "双対性" を持っていました．

	双対		双対		双対	
正十二面体	⇔	正二十面体	⇔	正十二面体	⇔	正二十面体

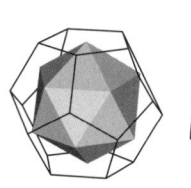

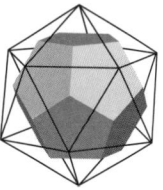

これらを **双面多面体** と呼びます．

入試を勝ち抜く数学ワザ㊷

"半正多面体"は魅了する

皆さんは"半正多面体"をご存知ですか？それは，【すべての面が正多角形で，どの頂点の部分も同じ形をしている凸多面体】で，もし下線部に'合同な'という文言を付け加え，より条件を強くすると正多面体になります．
① 各面が一種類の正多角形→正多面体
② 各面が複数の種類の正多角形→半正多面体

また，半正多面体は 13 種類あり，これはアルキメデスによって知られるところです．

これらは高校入試でも幾度となく出題されていますから，この際触れておきましょう．

中でも頻出は，'正多面体を切断してつくる'タイプで，特に「立方体」は，例年多くの高校で出題されます．まず最初は，04 年の東海大浦安（一部略）のものです．

問題 1. 一辺が $2\sqrt{3}$ の立方体の頂点の 1 つを，図のように頂点をつくる 3 辺の中点を通る平面で切り取った．

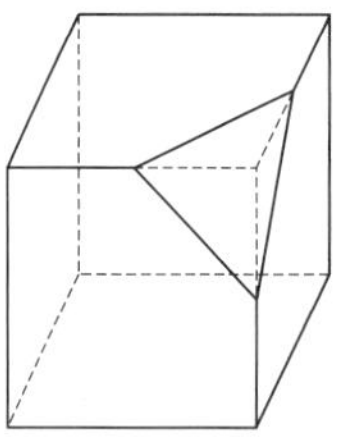

この操作を，8 つの頂点すべてに対して行ったとき，できる立体の体積を求めよ．

切り取った後に残るのは，右図のような多面体です．

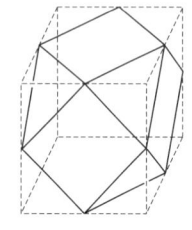

解法． 立方体から周囲の 8 つの三角すいを除くと考えて，

$$(2\sqrt{3})^3 - \sqrt{3} \times \sqrt{3} \times \frac{1}{2} \times \sqrt{3} \times \frac{1}{3} \times 8 = \mathbf{20\sqrt{3}}$$

04 年の開成高校のも同じことです（一部略）．

問題 2. ある多面体において，1 つの頂点 O に対し，この頂点に集まる辺 OA，OB，OC，…の中点がすべて同一平面上にある場合を考える．この平面で多面体を切り，頂点 O を含む角錐を取り去る操作を「頂点 O の角を切り落とす」と呼ぶことにする．さらに，多面体のすべての頂点に対し，同時に角を切り落とすことができるとき，この操作を「多面体の角を切り落とす」と呼ぶことにする．
（2） 立方体の角を切り落としたときにできる多面体において，ある 1 つの辺とねじれの位置にある辺の本数を求めよ．

解法． できあがりは問題 1 と同じで，右図より，**12 本**です（○印）．

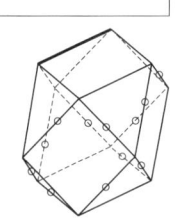

問題 1・2 の多面体は，8 つの正三角形と 6 つの正方形という 2 種類の'正多角形'から構成されていて，なおかつ各頂点の部分は同じ形と言い切れます．すなわち"半正多面体"で，『**立方八面体**（Cuboctahedron）』とよばれます．

ところで開成の原題は，（1）として「正四面体の切り落とし」があって，これはやってみればすぐに「正八面体」となることがわかります．

では，（1）でできた「正八面体」を，さらに続けて切るとどうなるでしょうか．どこかで見たような多面体が出来上がりますよね．

そうなんです．向きを変えれば，さきほどから出ている『立方八面体』なのです．そうするとこれは，「立方体」，「正八面体」のどちらからでも生成できることになりますから，名称の由来も理解できるでしょう．

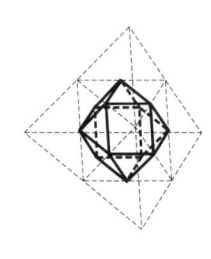

同じことは，「正十二面体」と「正二十面体」にもいえて，これらから『**二十面十二面体**

（Icosidodecahedron）』ができ上がります．

立方八面体を半分にすると，下図のような立体があらわれます．

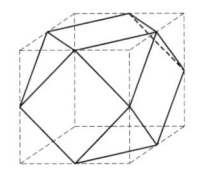

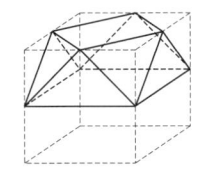

以上ここまでは，辺の'真ん中で切る'ことに専念してきましたが，これを別の場所に移すとどうでしょうか？

問題 3． 右図は 1 辺の長さが 1 の半正多面体である．この体積を求めよ．

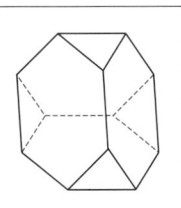

もちろんこのままでは難しいですよね．そこで，'名称は『**切頂四面体**（Truncated-tetrahedron）』，各面は 4 枚の正六角形と，同じく 4 枚の正三角形から構成される'をヒントにしましょう．

ピン！ときた人．そうなんです．これの元となっているのは正四面体で，それぞれの辺を三等分し，周りの 4 個の縮小図形を取り除けば完成です．

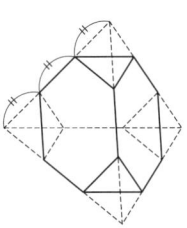

解法． $\dfrac{\sqrt{2}}{12}\times 3^3 - \dfrac{\sqrt{2}}{12}\times 1^3 \times 4 = \dfrac{23\sqrt{2}}{12}$

そうそう，実は皆さんよくご存知のサッカーボール型も，この仕方から作れる半正多面体だったのですよ．

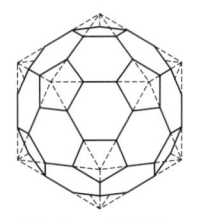

元は「正二十面体」だから，『**切頂二十面体**（Truncated-icosahedron）』とよばれます．12 の正五角形と 20 の正六角形からなっていて，安定した構造がウリのようです．

話を戻しますが，さきほどの問題 2 には続きの（3）があります．開成高校の原題では，「（2）でできた多面体は再び角を切り落とすことができる．（2）でできた多面体の角を切り落としたときにできる立体…」とされていて，（2）にさらに操作を加えるのです．

ところがこのままだと，完成するのは残念ながら半正多面体ではないので，本題からは外れてしまいます．そこでちょっといじってみます．

問題 4． 問題 2（2）でできる立方八面体の角をさらに続けて切り落とす．

この立体の正三角形の部分がさらに大きくなるように削り込み，半正多面体をつくる．この立体の体積が最大となるとき，一辺の長さを求めよ．ただし，もとの立方体の一辺の長さを 6 とする．

まず，立方八面体の角を切り落としてみましょう．そうすると，2 種類の長さの辺が混在していますから，やはり半正多面体とはいえませんよね．

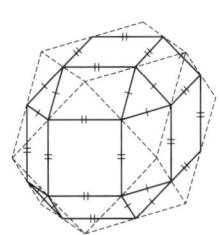

そこで，正三角形を大きくしていくと，それによって削られた正方形は小さくなり，色の濃い部分だけが残ります．

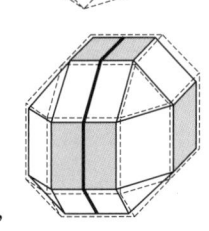

これは，正方形が 18 枚，正三角形が 8 枚からなる『**小菱形立方八面体**（Rhombicibotahedron）』となります．

解法． この半正多面体は，上図の太線に対して面対称で，太線は正八角形となります．

そこで，一辺を x とし，
$$\dfrac{\sqrt{2}}{2}x + x + \dfrac{\sqrt{2}}{2}x = 6$$
となるので，
$x = 6\sqrt{2} - 6$ が答えです．

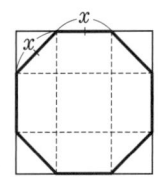

入試を勝ち抜く数学ワザ㊸

ねじった立体"反角柱"を入試でマーク

右図は，正八面体のある一つの面を底面と見立て，床へ伏せた見取り図です．その際，次のような考察を得ます．

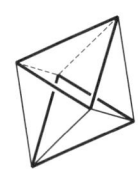

- 底面とその対面は合同な正多角形で，位置関係は平行
- 側面は合同な正三角形の互い違いの組み合わせ

これらの条件を満たす立体を"反角柱"といいます．正八面体は，底面が正三角形なことから'反三角柱'と呼ばれます．

正多角形をイメージとして持ち，上下の底面それぞれをつかみ，頂点が重ならないように両手でねじって対等になるようにずらした立体と反角柱をつかんでください．

反三角柱（正八面体）は次のようにして導くことができます．

図中の色の濃い三角すいに注目し，上側から3つ，また下側から3つの計6つの合同な三角すいを取り去ることにより，先ほどの反三角柱を得られることがわかるでしょう．実は，体積を求めるにはこうした手段が有効です．

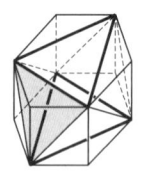

今回は，この"反角柱"の問題を集めてみました．反三角柱よりもっと難しい問題にアタックしてみます．

まずは，次の問題をやってみてください．

問題 1. 右のような，すべての辺の長さが等しい多面体の展開図がある．

この立体の各辺の長さをa，組み上がった多面体における2枚の正方形の面の距離をhとするとき，h^2をaの式で表せ．

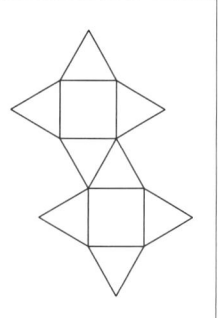

でき上がりはこうです．右図のような'反四角柱'が組み上がります．さて，どのような属性を備えているでしょうか．その元になっている立体は右図のような正八角柱で，その隅から上下8つの合同な三角すいを取り去ってできる立体です．

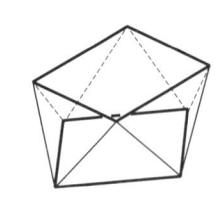

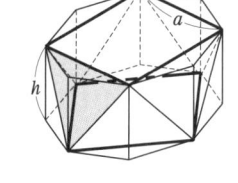

こう考えると，いろいろと明らかになる性質があります．

解法 元となる立体の，上底面の正八角形に注目することで式を立てます．そのためには，正八角形の図形的な特徴を十分に活用しなければなりません．

そこで図のようにxと置き，三平方の定理から，$\{(1+\sqrt{2})x\}^2+x^2=a^2$
これより，

$$x^2=\frac{2-\sqrt{2}}{4}a^2 \cdots *$$

と整理されます．

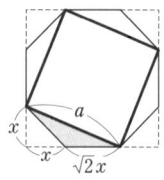

また，取り去る右図の三角すいで，三平方の定理から，

$$(\sqrt{2}\,x)^2+h^2=a^2$$

を導き，式$*$のx^2へ代入し，

$$h^2=\frac{\sqrt{2}}{2}a^2$$ を得ます．

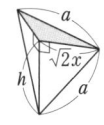

➡注 一辺1の反四角柱の体積は，
$\dfrac{\sqrt{\sqrt{2}}(\sqrt{2}+1)}{3}$ となります．

➡注 10年の桐蔭学園では，底面の円の半径を a，高さを h (ただし，$h^2=\sqrt{2}\,a^2$) とする円柱に内接する反四角柱の体積を h で表すといった出題もありました． 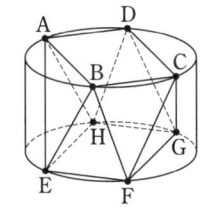
（答）$\dfrac{2+2\sqrt{2}}{3}h^3$

さて，右図は正二十面体です．いま，上下の網目の正五角形ではさまれた立体は，'反五角柱' となっています．

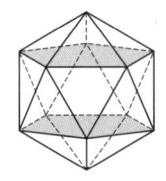

次は，12年に，開成高校で出題されたものをモチーフにしました．

問題 2. 右のような，すべての辺の長さが等しい多面体の展開図がある．

この立体の各辺の長さを2とし，また多面体の体積を V とする．組み上がった多面体における2枚の正六角形の面の間の距離を h とするとき，$\dfrac{V}{h}$ の値を求めよ．

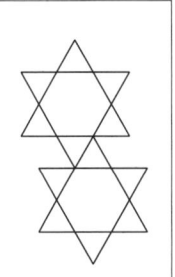

組み立てた多面体は '反六角柱' で，正十二角柱より上下6つずつ隅の三角すいを取り去ります．

前問では正八角形の素性を調べましたが，今回は正十二角形について同じように行います．

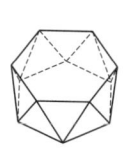

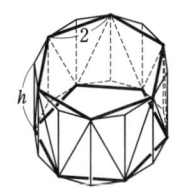

解法 補助とする正十二角形の面積を S_1，取り去る隅の三角すいの一つの底面の面積を S_2 とします．すると，求める値は，

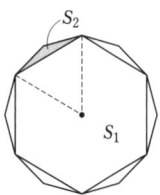

$$\dfrac{V}{h}=\dfrac{S_1\times h-S_2\times h\times\dfrac{1}{3}\times 12}{h}=S_1-S_2\times 4\cdots **$$

とでき，簡潔です．そうするとまあ，h は必要がないことになります．

さて，正十二角形の性質を確かめてみましょう．右図がその $\dfrac{1}{6}$ です．これより，

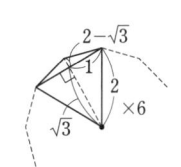

$2\times 2\times\dfrac{1}{2}\times 6=12\ \cdots\cdots S_1$

$(2-\sqrt{3})\times 2\times\dfrac{1}{2}=2-\sqrt{3}\ \cdots\cdots S_2$

したがって，
$** = 12-4(2-\sqrt{3})=\boldsymbol{4+4\sqrt{3}}$

ちなみに，実際の入試では，この設問は5番目の小問にあって，そのひとつ前では h^2 を出させています．その値は，$4\sqrt{3}-4$ です．

➡注 一辺1の反六角柱の体積は，
$\sqrt{\sqrt{3}-1}(\sqrt{3}+1)$ となります．

◆◆◆◆ ミニコラム・IX ◆◆◆◆

立方体の8つの隅を正三角形で切り落とす．

① 上面が正八角形．
② 辺の中点を通る．
③ 辺の三等分点を通る．
④ 頂点を通る．

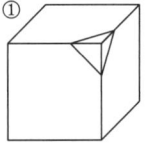

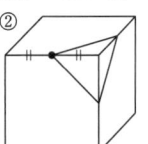

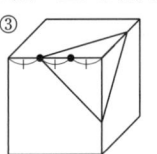

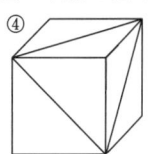

① 切頂六面体
② 立方八面体 → p.92
③ 切頂八面体 → p.97
④ 正八面体

入試を勝ち抜く数学ワザ ㊹

究極の対称図形 '正八面体' 攻略マニュアル

■ 典型問題

問題 1. 右のような一辺の長さを a とする正八面体がある．このとき次の各問いに答えよ． 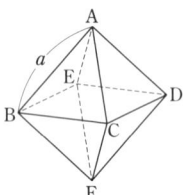
(1) 体積を求めよ．
(2) 辺 AB, DF の中点をそれぞれ M_1, M_2 とする．このとき，M_1M_2 の長さを求めよ．
(3) 面 ABE と面 FCD の距離を求めよ．
(4) AB の中点 M_1 を通り面 ACD と平行な平面で切断するとき，その切り口の周の長さを求めよ．

まずは，＜典型的な対称面＞を紹介します． 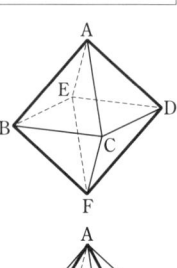
① 面 BCDE, ABFD, AEFC は**正方形**の対称面．
② N_1, N_2 を辺 BE, CD それぞれの中点とすると，面 AN_1FN_2 は**ひし形**の対称面．

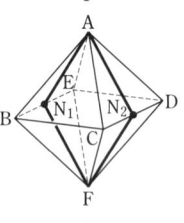

➡ 注 ②は対称面の一例であって，他に5面あります．

解法 (1) ①の対称面 ABFD を利用します．右図において，正八面体 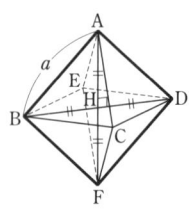
 = 四角すい A-BCDE × 2
 = 正方形 BCDE × AH × $\dfrac{1}{3}$ × 2

$= a \times a \times \dfrac{\sqrt{2}}{2}a \times \dfrac{1}{3} \times 2 = \dfrac{\sqrt{2}}{3}\boldsymbol{a}^3$

(2) ①の対称面 ABFD において，
$M_1M_2 = AD = \boldsymbol{a}$

(3) ②の対称面 AN_1FN_2 を利用します．求めるのは右図の h です．

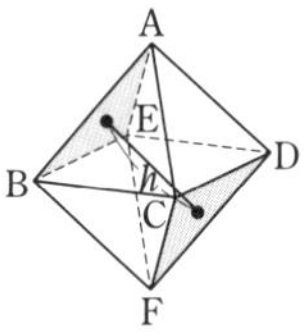

よくあるのは，'ある面を床へ置き，立体の高さを求める' もので，下図では △FCD を底面としています．

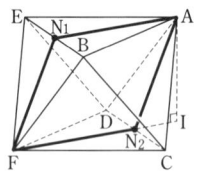

$BE \perp AN_1$, $CD \perp FN_2$
$BE \parallel CD$, $AN_1 \parallel FN_2$
なので，<u>面 ABE と面 FCD は平行</u>です．そこで，求める長さを AI とします．

△AFN_2 の面積を利用します．これは，対称面であるひし形の半分の $\dfrac{\sqrt{2}}{4}a^2$ です（…*1）．

一方，$FN_2 = \dfrac{\sqrt{3}}{2}a$ より，
△$AFN_2 = FN_2 \times AI \times 1/2$
$= \dfrac{\sqrt{3}}{2}a \times AI \times \dfrac{1}{2} = \dfrac{\sqrt{3}}{4}a \times AI$ （…*2）

*1，*2 より，$AI = \dfrac{\sqrt{6}}{3}\boldsymbol{a}$ となります．

(4) 辺 AE と切断面との交点を M_3 とおくと， 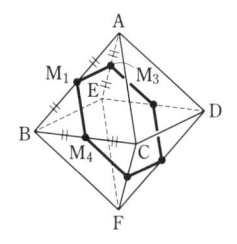
$M_1M_3 \parallel CD$
となることから，M_3 は中点です．続いて，
$M_1M_4 \parallel AC$
となることなどから，上図のように各辺の中点を通ることになります．これより，切断面は正六角形となります．

∴ $a/2 \times 6 = \boldsymbol{3a}$

➡ 注 正八面体は上記の正六角形によって，合同な二つの立体に分割されます．これは対称面とは異なりますが，重要な面であるので気に留めておきましょう．

■切断による特殊な多面体

問題 2. 次の多面体の体積を求めよ．
（1） 一辺 a の切頂八面体 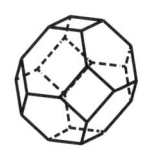
（2） 一辺 a の立方八面体

共に正八面体の幻像をうかがうことはできるでしょうか．

解法（1） 右図のように各辺を三等分し，隅の6つの四角すいを取り去ります． 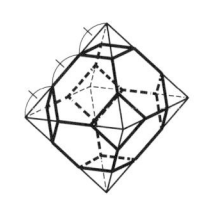
正八面体の一辺は $3a$ です． ∴ $8\sqrt{2}\,a^3$

（2） 今度は，各辺を二等分します．正八面体の一辺は $2a$ です．

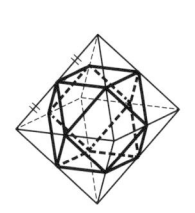

∴ $\dfrac{5\sqrt{2}}{3}a^3$

■埋め込み

問題 3. 次の体積を求めよ．
（1） 一辺 a の正四面体の各辺の中点を結んでできる多面体．
（2） 一辺 a の立方体の各面の中心を結んでできる多面体．
（3） また，（2）によってできる多面体の重心を結んでできる多面体．

解法（1） 出来上がりは右図のような，一辺が $a/2$ の正八面体です．

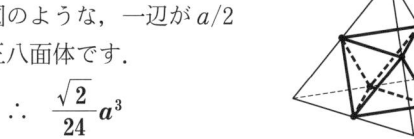

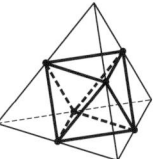

∴ $\dfrac{\sqrt{2}}{24}a^3$

（2） 右図のように，正八面体が中に入っています．その一辺は $\dfrac{\sqrt{2}}{2}a$ なので，

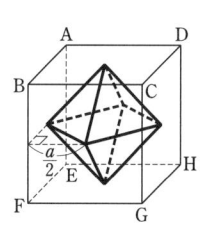

$\dfrac{1}{6}a^3$

➡注 図の立方体において，面 ACF, ACH, BDG, BDE, EGB, EGD, FHA, FHC で切断すると，正八面体が出てきます．

（3） 右図のようになります．△ABE，△ACD の重心をそれぞれ G_1, G_2 とし，対称面②を利用します．

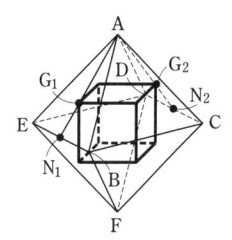

$G_1G_2 = \dfrac{2}{3}N_1N_2 = \dfrac{\sqrt{2}}{3}a$

∴ $\dfrac{1}{27}a^3$

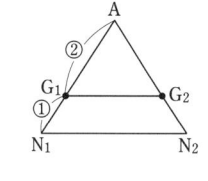

また，正六角柱から6つの三角すいを取り去った多面体も正八面体となります．

■球

問題 4. 一辺 a の正八面体の内接球と外接球の半径をそれぞれ求めよ．

解法 下図のような，内接球は②の対称面，外接球は①の対称面を用います．

∴ 内接球：$\dfrac{\sqrt{6}}{6}a$，外接球：$\dfrac{\sqrt{2}}{2}a$

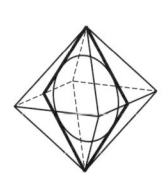

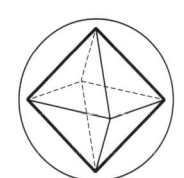

入試を勝ち抜く数学ワザ㊺ 這うように走る糸の長さ

立体の表面に糸をたわむことなく這わせる様子は，例年の入試でも多く取り上げられます．この定番メニューともいえる出題を容易に解決する手立ては，ご存じ次のようなものです．

<定石>
端点を含んだ展開図上で，糸の両端を押さえピンと張る．
※ 立体の表面上でピンと張る
＝展開図上でピンと張る

あるいは，次のような設問に対しても同様に通用します．まとめます．

・糸を張る
・折れ線が最短距離
・折れ線の最小値

また，必ずしもそれが表面である必要はありません．例えば折れがある定まった面にのることが明らかにされていれば，上記の手法で解決が可能です．

■糸が平面を這うケース

問題 1. 次の各図において，AP+PB の最小値を求めよ．
(1) （直方体） (2) （正四角すい台）

(1)はさっそく表面を通らない特別なケースが登場してきました．が，慌てることはありませんよ．

色付けしたつながった二平面を抽出し，展開図を広げればいいです．

略解 (1) 右図のような展開図で考え，二点 A，B に直線を引きます．

この長さを三平方の定理を用い計算し，
$$\sqrt{5^2+8^2}=\sqrt{89}$$
となります．

(2) 同様に，展開図を広げます．

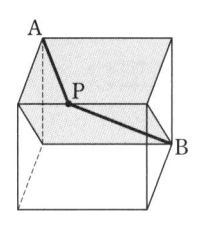

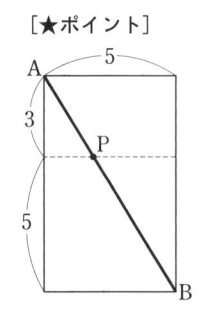

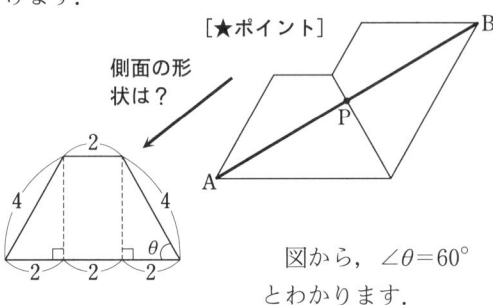

[★ポイント]
側面の形状は？

図から，$\angle\theta=60°$ とわかります．

つまり，側面の等脚台形の脚は 60° 傾いていることから，右図のように解くことができます．
$$\sqrt{(3\sqrt{3})^2+9^2}=6\sqrt{3}$$

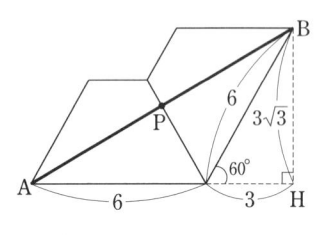

➡注 △ABH も '30°定規形' になっています．

問題 2. 右図において，円柱の側面に糸をピンと這わせたとき，その長さを求めよ．ただし，点 B は点 A の真上の点である．

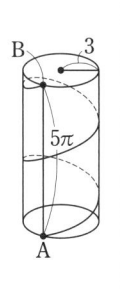

'2周'ときたら，展開図を横へ2枚連ねます．

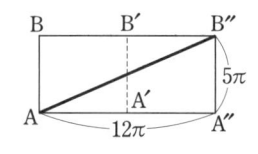

略解 三平方の定理より，
$$\sqrt{(5\pi)^2+(12\pi)^2}=\sqrt{169\pi^2}=\mathbf{13\pi}$$

■糸が曲面を這うケース

問題 3. 次の各図において，円すいの側面に糸をピンと這わせたとき，その長さを求めよ．

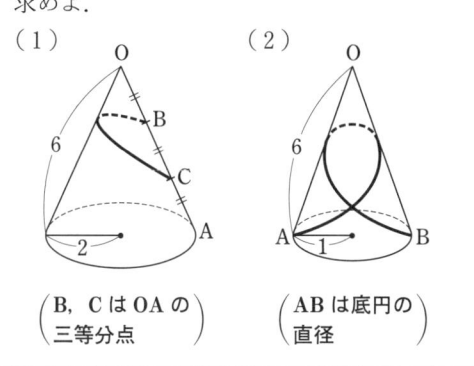

(1)（B, C は OA の三等分点）

(2)（AB は底円の直径）

展開図を描くとき，キーとなるのはおうぎ形の中心角の大きさです．そこで，

<円すいの展開図の中心角>
$$360°\times\frac{底円の半径}{母線}$$

を使って，(1) は 120°，(2) は 60°です．

略解 (1) 展開図は右図のようになり，扇の両端に広がった，B と C を直線で結びます．

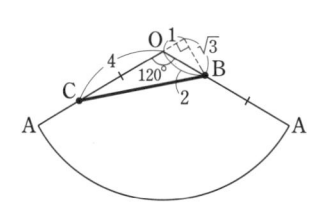

△OCB に注目し，補助する直角三角形を付け加えることで，
$$\sqrt{(\sqrt{3})^2+5^2}=\mathbf{2\sqrt{7}}$$ となります．

(2) 糸は1周半回り込むので，展開図の中心角も1個分半で，
$$60°+30°=90°$$
を利用します．

これより，$\mathbf{6\sqrt{2}}$ が求まります．

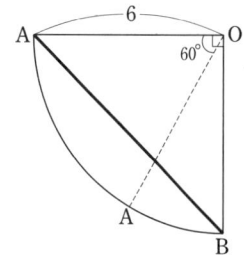

➡ **注** △OAB は '45°定規形' です．

■糸が球面を這うケース

問題 4. 2点 A, B は球面上にのる固定された点である．

球面上を通り，この2点を結ぶ糸の長さが最も短くなるのはどのような場合か．

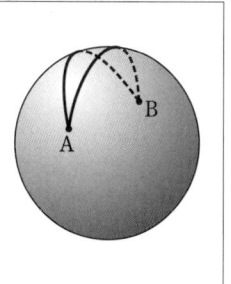

2点 A と B を結ぶピンと張られた糸は円の一部，つまり円弧となります．

略解 2点 A, B を固定し，これらを通る円をいくつか描いてみます．

この中で A, B を結ぶ糸が最も短くなるのはどのような場合でしょうか（対象を弦 AB の上側とします）．

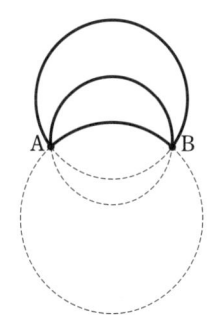

弦 AB について，円が図中の上部にあればあるほど丸みを帯び糸は長く，下部に下がれば下がるほど，糸は弦 AB の長さに近づき<u>短くなる</u>．

→ したがって下部にある円が題意を満たす．

⬇

（AB を直径とする円の下部では）

下部にある円ほど大きさは大きい．

→ つまり円が最も大きなときに題意を満たす．

∴ <u>2点 A, B が球の直径を含む円周上にある</u>場合が，この答えとなる．

入試を勝ち抜く 数学ワザ㊻

平面と球面の交わり

今回は，平面で囲まれた立体図形に，球が内接も外接もしていない，ある特徴的な問題を扱います．

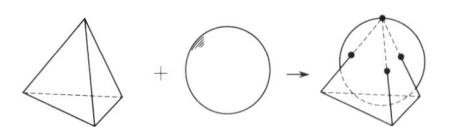

このことは実際の入試では「立体を構成するある側面のうちのどれだけの部分を，球がその内部に含むか」という形で出題されていて，ここで重要なのが，"辺と球面との交点"です．**この位置を確実に把握することが，今回のキーワードになります．**

手始めに，90 年の早大学院（一部略）です．

問題 1. 1 辺の長さが 9 の正四面体 ABCD がある．頂点 A から底面 BCD へ垂線をひき，その交点を H とする．そして，底面 BCD の上に 2 点 A，H を直径の両端とする球を置くと，この球は正四面体の 3 つの面と交わる． 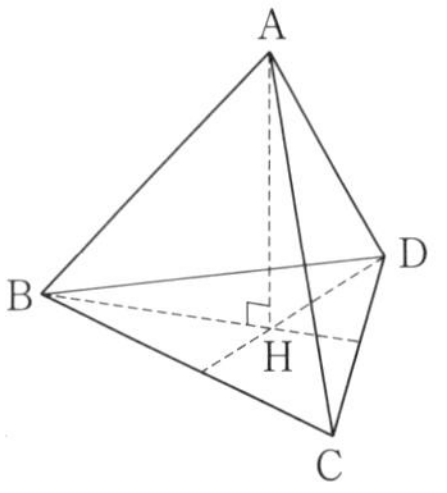
(1) 辺 AB の，球の内部にある部分の長さを求めよ．
(2) 面 ABC の，球の内部にある部分の面積を求めよ．

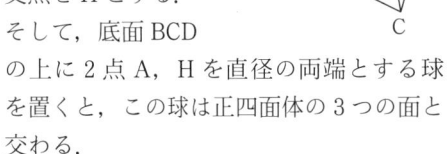

球面と 3 つの稜線との交点は，点 A 以外は右上図の点 P，Q，R で，また題意より AH は直径ですから，△BCD とは点 H で接していることが分かります．

そこでこの立体を，**球の中心を含む平面で切断**（…∗）してみます．

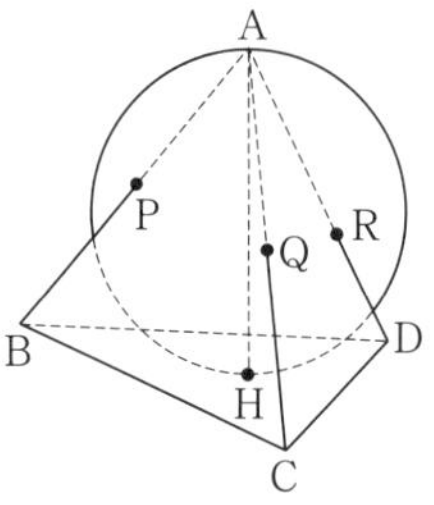

略解 (1) 求める AP を，球の中心を含む面 ABH 上で考えます（右中図）．

BH = $3\sqrt{3}$ から，方べキの定理より，BP = 3 だから，**AP = 6**

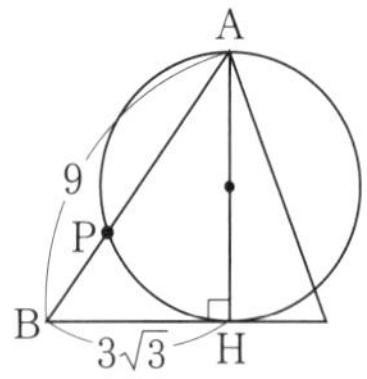

(2) 球はどの平面で切っても切り口は円ですから，これで考えます．

球面は 3 点 A，P，Q で交わりますから，△ABC での切り口は，これらの点を通ります．

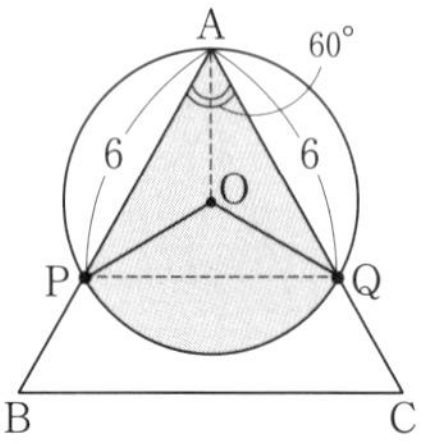

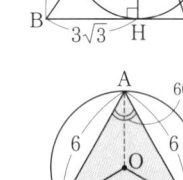

したがって，円の中心を O とすると，
∠POQ = 2∠PAQ = 120°，AP = 6
より，OP = $2\sqrt{3}$ となり，**$6\sqrt{3} + 4\pi$** が答えです．

いかがでしたか．"交わる点"大切ですね．引き続き，93 年の早大学院（一部略）です．

問題 2. 底面が 1 辺の長さ $4\sqrt{5}$ の正方形で，高さが 10 の正四角錐 A-BCDE において，辺 CD の中点を F，線分 BF の中点を M とする．図の点 P は，線分 BF を直径とする球と辺 AC との交点である． 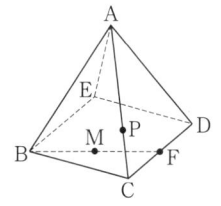
このとき，線分 AP の長さを求めよ．

まず，球面上の点の確認です．∗より，中心 M を含む面で考えると，まず四角形 BCDE では，∠C = 90°ですから，B，F 以外にも点 C が球面上にあることが分かります．

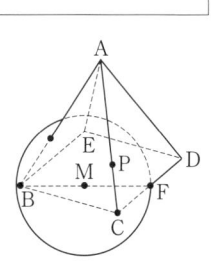

これと対称性と題意から，右図の網目部分が球の内部と考えられます（PC＝QB，FC＝GB）．

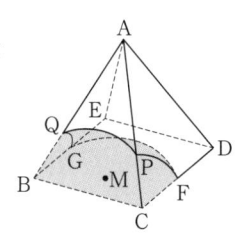

略解 M はこの球の中心ですから，＊より，面 AMC 上では右下図のように考えます．

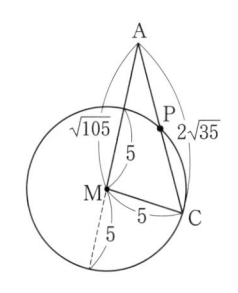

MC は球の半径で，MC＝BF/2＝5

また，AC＝$2\sqrt{35}$，AM＝$\sqrt{105}$ から，方べキの定理より，

AP＝$\frac{8}{7}\sqrt{35}$ となります．

このように，球が見えにくい位置にあると，「中心を含む平面で切断」する考え方が，いかに大事かが分かってもらえたことでしょう．

そして最後は，私が塾の模試に出題した一問です（一部略）．

問題 3. 右図のような底面の一辺が 4 で，すべての稜線の長さが $4\sqrt{2}$ の正六角すいがある．

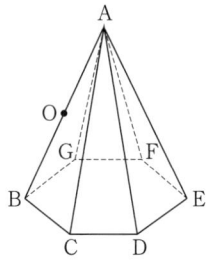

辺 AB を直径とするような球 O があり，△ADE と球 O が交わってできる図形 S を考えるとき，次の各問に答えよ．

（1） 辺 AD のうち，球 O の内部にある部分の長さを求めよ．

（2） 図形 S は円の一部である（弓形）．この円の半径を求めよ．

＊より，交点の位置を確認しておきましょう．

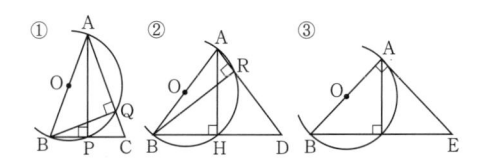

これら①～③から，右図の網目部分が球の内部といえます（面 ABE に対して面対称です）．

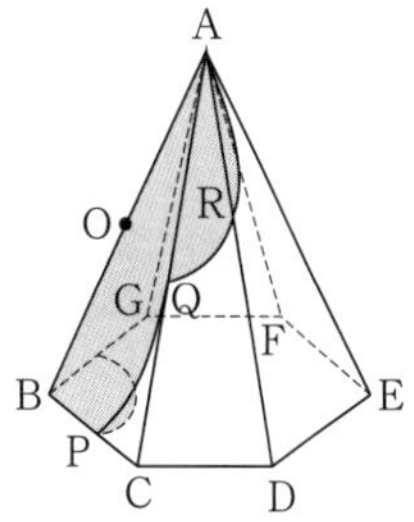

解法 （1） 求めるのは②図の AR で，DA＝$4\sqrt{2}$，DB＝$4\sqrt{3}$，DH＝$2\sqrt{3}$ から，方べキの定理より，AR＝$\sqrt{2}$

（2） 題意の円 O_1 の中心を O_1 として，右図のようなイメージを膨らませます．そして，求めるのは AO_1 で，また，円 $O_1\perp OO_1$ より，△OAO_1 は直角三角形です．

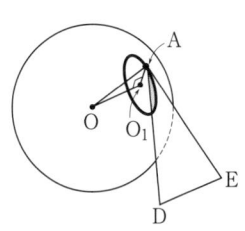

ところで，OO_1 は何かというと，これは点 O と円 O_1（を含む平面）との距離で，まずはそれを求めることにします．

BG，DE の中点をそれぞれ M，N とし，点 O を △ABG 上で，BG に平行に，AM と交わるまで移動した点を O′ とします．そして，「O→O′」と同様の移動を O_1 にも行なうと，移動した点 O_1' は AN 上にきます（△ABG と △ADE は平面 ACF に関して面対称）．

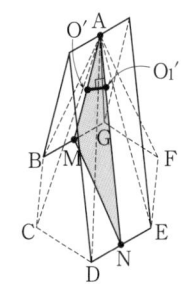

△AMN で考えると，右図で，AA′＝4
MN×AA′＝AN×MM′
より，MM′＝$\frac{8\sqrt{21}}{7}$

∴ $O'O_1'$＝$\frac{4\sqrt{21}}{7}$

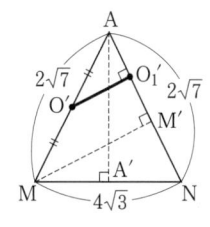

これが OO_1 の長さと等しいわけです．

OA＝$2\sqrt{2}$ から，△OAO_1 で三平方して，

$\frac{2\sqrt{14}}{7}$ が求める長さです．

101

入試を勝ち抜く 数学ワザ㊼

粘着面にくっつく球

皆さん，球が吸いつくようにピタッと平面に張りついている様子をご覧ください．下の図1は平面Pに，図2は二つの平面QとRです．

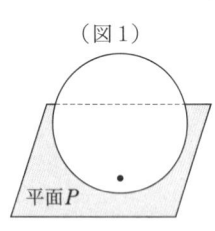

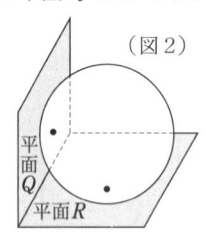

（図1）　　　（図2）

これはどちらも，'面いっぱいに粘着ボンドを塗りたくり'，そこへ転がってきた球が'くっついて止まった'，と表現したくなります．

今回のテーマは，"立方体のある面に接する球"の大きさを調べるものです．球が接する面を"粘着面"と命名し，さっそく始めましょう．

まずは立方体の6面のうち，粘着面が1つだけのもの．もちろんこれでは，球の大きさが定まらないので，他に二つの条件を追加します．

問題 1. 右図のような一辺が1の立方体がある．この立方体の面EFGH，および同時に辺AB，CDに接する球があるとき，この球の半径を求めよ．

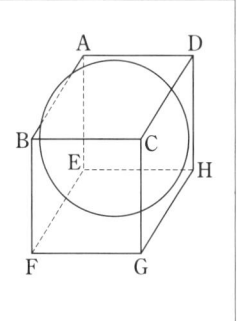

考え方はこうです．

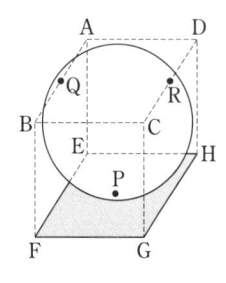

解法 右図のように，球と粘着面EFGHとの接点をPとします．また，辺AB，CDとの接点をそれぞれQ，Rとすると，これら3点を含む平面について球は面対称で，中心Oもこれに含まれます．

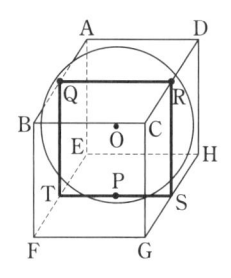

そこでこの平面上で，立方体との交線で囲まれた図形QRST（太枠）は正方形であることは明らかです．

また，正方形QRSTは直線OPについて対称で，濃い色の三角形での三平方より，$r^2 = (1-r)^2 + \left(\dfrac{1}{2}\right)^2$

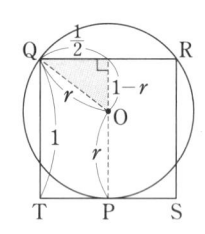

∴ $r = \dfrac{5}{8}$

続いては粘着面が2つで，今度も辺に接する場合です．こちらも球を決定するには条件が必要です．

問題 2. 問題1の図で，今度は面ABFE，EFGHに接し，また辺CDにも接する球を考える．この球の半径を求めよ．

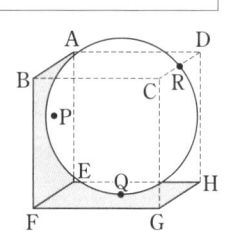

濃い色の面が，粘着面です．球がこれらに挟まれているイメージです．

解法 面や辺との接点を右図のようにP，Q，Rとすると，これらを含む面は，先ほどと同様に球の中心Oを含みます．また，立方体との交線で囲まれた図形も，一辺1の正方形です．これは，直線ORについて対称ですから，下右図のようになって，

$\sqrt{2}\,r + r = \sqrt{2}$　∴ $r = 2 - \sqrt{2}$

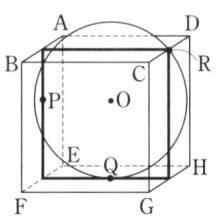

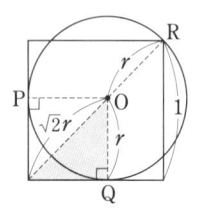

同じ2面でも，立方体の2つの頂点を通るタイプも考えられます．

問題 3. 問題1の図で，面 ABFE, BFGC に接し，頂点 D, H を通る球を考える．この球の半径を求めよ．

解法 これは，面 BFHD に対して面対称です．

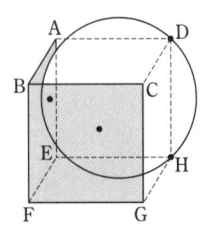

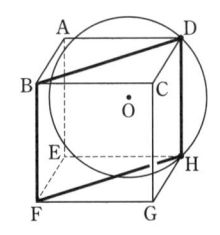

その様子を真上から眺めたのが下左図で，中心 O から面 BFGC までの距離は r で，同じく辺 BF までの距離は $\sqrt{2}r$ です．そうすると，辺 DH への距離は $\sqrt{2}-\sqrt{2}r$ で，それを面 BFHD へ反映させた図が下右図です．

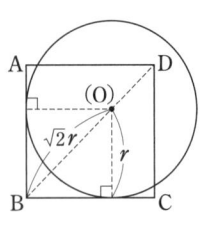

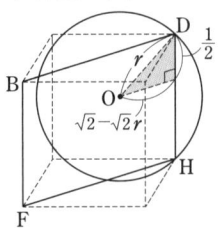

そこで，濃い色の三角形で三平方して，
$$r^2 = (1/2)^2 + (\sqrt{2}-\sqrt{2}r)^2$$
$$\therefore r = \frac{4-\sqrt{7}}{2} \quad (r<\sqrt{2})$$

ここからは粘着面が3つのタイプです．

問題 4. 問題1の図で，面 AEHD, CGHD, EFGH に接し，辺 AB, BC と接する球を考える．この球の半径を求めよ．

球と辺 AB, BC, 面 CGHD の接点をそれぞれ P, Q, R とします．

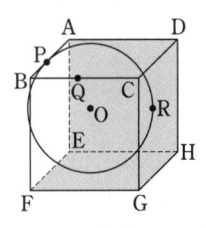

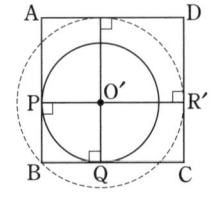

この図を真上から見たのが，右上図です．

この球を面 ABCD で切断すれば，切り口は円でその中心を O' とします．また，真上から見れば R' と R は一致します．ここで，O'R'⊥DC より，3点 P, O', R' は一直線上にあることもわかります．

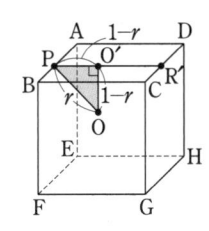

右図より，
$$(1-r):r = 1:\sqrt{2}$$
$$\therefore r = 2-\sqrt{2}$$

最後は06年の慶応義塾です．

問題 5. 半径1の球が立方体 ABCD-EFGH の頂点 D を通り，3つの面 ABFE, BCGF, EFGH に接している．この立方体の一辺の長さを求めよ．

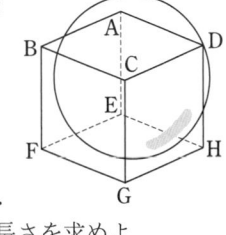

解法 3つの粘着面は，図のようになります．

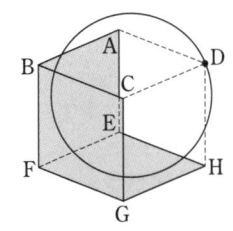

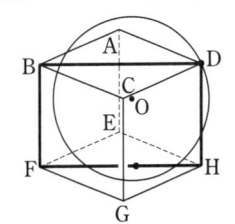

先ほどと同様に面 BFHD について対称ですから，真上からの図を参照すれば，中心 O から辺 BF までの距離は $\sqrt{2}$ です．また，面 CGHD までを a とすると，辺 DH までは $\sqrt{2}a$ で，これを面 BFHD に活かします．

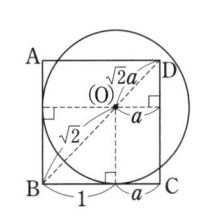

この立方体の一辺は $a+1$ と置けるので，右図で，OI = a となり，
$1^2 = a^2 + (\sqrt{2}a)^2$ から，$a = \sqrt{3}/3$ となります． 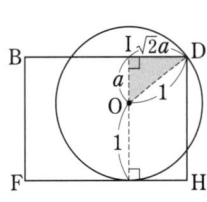

よって立方体の一辺の長さは，$1+\dfrac{\sqrt{3}}{3}$ です．

103

入試を勝ち抜く数学ワザ㊽

正多面体の"辺接球"を解き明かす

まず、入試に良く出る3種類の特徴的な球を説明します。与えられた球が、多面体にどう関わっているのかを述べておきましょう。

★内接球…すべての面に接する
★外接球…すべての頂点を通る
★辺接球…すべての辺に接する

三角形の五心にちなんで、これらを『三接球』と命名します！

特に三ツ目の"辺接球"は、最近要注意ですよ。

ということで、今回は"辺接球"の話です。中でも、正多面体の辺接球を取り上げます。

5種の正多面体すべてが"辺接球"を持つことは、正多面体には球と同じにいくつもの対称面があることからも容易に知ることができます。

では、さっそくやってみましょう。

問題 一辺の長さが1の正多面体がある。このとき、次の立体の辺接球の半径を求めよ。
（1） 正四面体
（2） 立方体
（3） 正八面体
（4） 正十二面体
（5） 正二十面体

解法 （1） M, Nは正四面体と球の接点です。これらは対称性から、各辺の中点であることは明らかです。

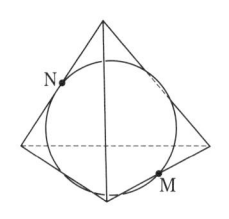

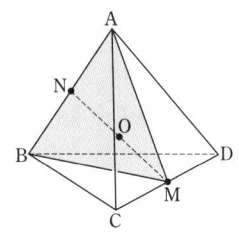

［対称面］

ここで、対称面 ABM を抜き出せば、球の中心 O もこの平面に含まれ、線分 MN の端点 M, N は球面上で最も離れた点だから、O もこの上にあります。

計算の結果 MN＝$\frac{\sqrt{2}}{2}$ から、半径はその半分の $\frac{\sqrt{2}}{4}$ となります。

ここでその解き方を振り返ってみましょう。

① 二本の辺を選び、その中点を取る。
② それらを結び、中心を通るかどうかを確認する。
③ 中心を通れば直径である。

ちなみに下図のように、
"正四面体の辺接球"＝"立方体の内接球"
"正四面体の辺接球"＝"正八面体の外接球"
となっています。

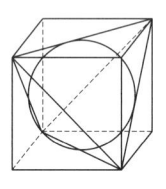

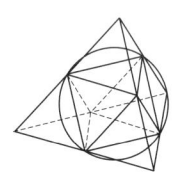

（2） 次は立方体です。こちらも図のように、接点を M, N とします。もちろん中点です。

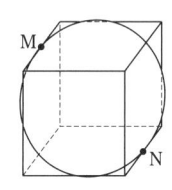

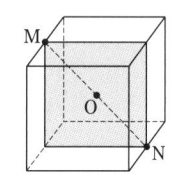

［対称面］

これらを結ぶと球の中心を通るので、これが

直径となります．よって半径は $\frac{\sqrt{2}}{2}$ です．

（3） 図のように接点を M，N とします．こちらも中点です．

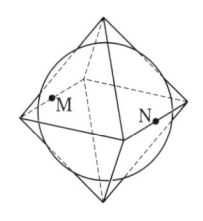

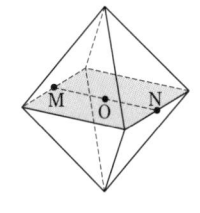

［対称面］

MN は，中心 O を含む直径ですから，その半径は $\frac{1}{2}$ です．

続けて，正十二面体と正二十面体です．入試で出題されたことはありませんが，数学が得意な皆さんには是非チャレンジしてほしいです．

（4） 題意の球は，辺の中点 M，N で接します．線分 MN の端点 M，N は条件を満たす最も遠い点なので，これが直径といえます．

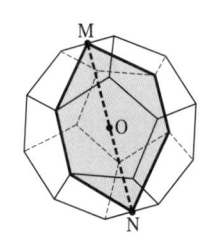

［対称面］

さて，今度は右図の面，六角形 ABCDEF を用います．これは MN＝FC より，MN の代わりに FC の長さを求めるのです．

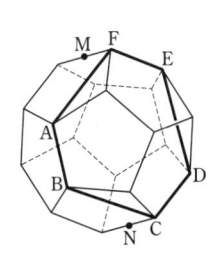

ところでこの六角形は，対称性からすべての内角が等しく 120° なので，FA の延長と CB の延長との交点を G とすると，△FGC は正三角形となります．ということは，

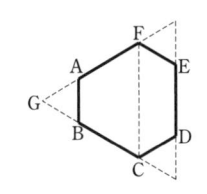

FC＝FG＝FA＋AG

ここで，△AGB もまた正三角形なので，

AG＝AB＝1

また，FA は正五角形の対角線なので，*（☞注）より，$\frac{1+\sqrt{5}}{2}$ です．

$FC = \frac{1+\sqrt{5}}{2} + 1 = \frac{3+\sqrt{5}}{2} (=MN)$

で，これは直径です．したがって半径は $\frac{3+\sqrt{5}}{4}$ となります．

（5） これも同様の考えです．球の接する辺の中点 M，N は題意を満たし，それも線分 MN は最も遠い所に位置します．つまり直径です．

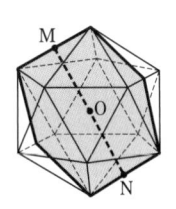

［対称面］

さて，右図の五角形 ABCDE を見てください．これは正五角形でその対角線 AD は，求める MN の長さと一致します．

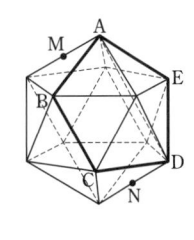

したがって，* より，直径は $\frac{1+\sqrt{5}}{2}$ なので，

求める半径は $\frac{1+\sqrt{5}}{4}$ となります．

➡注　一辺 1 の正五角形の対角線の長さは，次のように求めます．

△ABE∽△FBA

で，AB：BE
＝FB：BA
から，1：x
＝$(x-1)$：1
これを解くと，
$x = \frac{1+\sqrt{5}}{2}$ ……*
となります．

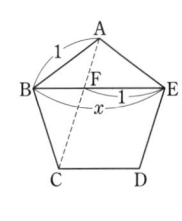

入試を勝ち抜く数学ワザ㊾

ランプ-シェードの定理

次の問題を考えてみました．

問題 図1の等脚台形を4枚貼り合わせて，図2のようなランプシェード(電球のかさ)を作る．また，半径 $\sqrt{6}$ の球体のランプがあって，図2のランプシェードをランプの上方から被せるように載せる(図3)．

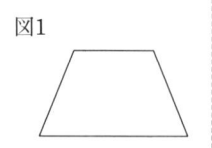

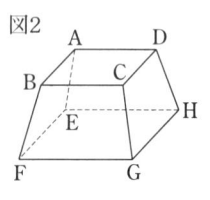

ここで，ランプシェードの側面とランプは接しているとする．その断面を横から描いたのが図4で，接点は図のようにP，Qである．

図2で，BC=a，BF=CG=$2a$，FG=$3a$ とするとき，PQ の長さを求めよ．

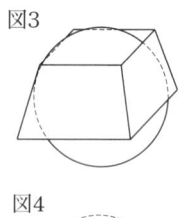

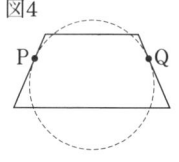

図2のランプシェードは，四角すいの上方を取り去った'四角すい台'という立体です．

手順1 切断面(図4)の解読

点 N，R がそれぞれ辺 EF，辺 GH の中点ならば，'ランプシェード(四角すい台)'と'ランプ(球)'は，共に面 INR について面対称です．このことは自明でしょう．

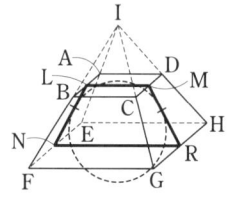

すると対称面 INR 上に，四角すい台と球の接点 P，Q は載ります．つまり図4の断面は，面 INR によって切り取られた四角形 LNRM が描かれているのです．

手順2 △INR の寸法は？

IC：IG＝BC：FG＝a：$3a$＝1：3

ここで CG＝$2a$ より IG＝$3a$ となって，△IFG は正三角形です．

△IGH も同様で，GR＝$\dfrac{3}{2}a$，IR＝$\dfrac{3\sqrt{3}}{2}a$ となり，このことから△INR の各辺は，NR＝$3a$，IN＝IR＝$\dfrac{3\sqrt{3}}{2}a$ です．

手順3 key となる相似

再び図4の切断面です．右図で球の中心をOとすると，直線 IO は△INR の対称軸です．そこから，△INS∽△POT が生まれます．

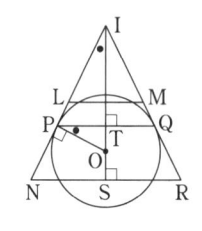

手順4 PQ の長さ

上図で，IS＝$\dfrac{3\sqrt{2}}{2}a$ です．このことから，

PO：PT＝IN：IS＝$\dfrac{3\sqrt{3}}{2}a$：$\dfrac{3\sqrt{2}}{2}a$
＝$\sqrt{3}$：$\sqrt{2}$

ここで PO＝$\sqrt{6}$ より，PT＝$\sqrt{6}\times\dfrac{\sqrt{2}}{\sqrt{3}}=2$

∴ **PQ＝4**

いかがでしたか．意外にも答えは変数 a を含みません．ということは，PQ の長さは a の大きさから影響を受けないことになります．

振り返ってみると，

$\dfrac{\text{PQ}}{\text{直径}}=\dfrac{\text{PT}}{\text{PO}}=\dfrac{\text{IS}}{\text{IN}}=\dfrac{\sqrt{2}}{\sqrt{3}}$

ですから，a が関わらないことがわかります．

確かに右図において，△P₁O₁Q₁∽△P₂O₂Q₂ から，'半径(直径)'と'弦PQ'の長さの比は常に一定です．

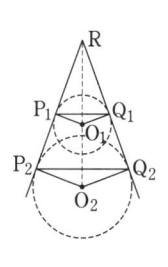

その $\dfrac{PQ}{直径}$ は $\angle P_1O_1Q_1$ の大きさにより決まります．60°，90°，120° のときは順に $\dfrac{1}{2}$，$\dfrac{\sqrt{2}}{2}$，$\dfrac{\sqrt{3}}{2}$ であり，角が広ければ限りなく 1 に近づき，狭ければ逆に限りなく 0 に近づきます．

さて上記は，次の相似が絡みます．私はそれを大切に，次のように名付けました．

<ランプ-シェードの定理>
　交わる 2 直線に共に接する円は，円の大きさに関わらず，'円の半径の大きさ' と '接点どうしを結ぶ円の弦の長さ' の比は，常に一定である． 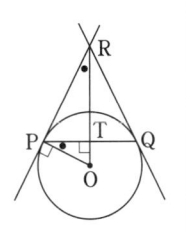
　またこのとき，
　△POT∽△ROP および，△POT∽△RPT
　である．

問題 1. 図において円すいに球 O が，PQ を直径とする円に接している．
　XP 上に点 A，XQ 上に点 B をとり，XA＝8，XB＝7，AB＝5 としたら，AB は球 O に接した．
　このとき，線分 PQ の長さを求めよ．

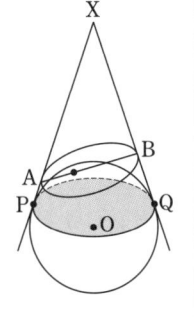

平面図に置き換えると右のようになります．

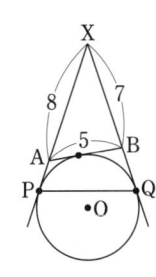

解法 球 O の半径を r とします．
　△XAB＝$10\sqrt{3}$ だから，
　$\dfrac{1}{2} \times (8-5+7) \times r = 10\sqrt{3}$　∴　$r = 2\sqrt{3}$

また，XP＝$\dfrac{1}{2}$(XA＋AB＋BX)＝10

ここで球 O の中心を O とすれば，XO＝$4\sqrt{7}$ で，ランプ-シェードの定理より，△XPO∽△PHO 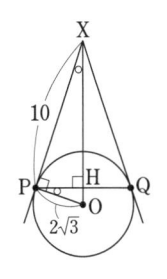
　よって，PH＝$\dfrac{5\sqrt{21}}{7}$
　∴　**PQ＝$\dfrac{10\sqrt{21}}{7}$**

問題 2. 右図において，第一象限にある円 P は，直線 $y=\dfrac{3}{4}x+9$ と x 軸の両方に接し，その接点をそれぞれ A，B とする． 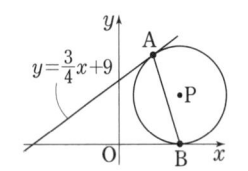
　円 P の半径が 6 のとき，AB の長さを求めよ．

ランプ-シェードの定理から，'円の半径' と '弦 AB の長さ' の比は，円がどこにあっても一定です．

解法 右下図でまず，CO＝12，OU＝9 より，CU＝15
　角の二等分線定理より，
　US：OS＝CU：CO＝15：12＝5：4
　したがって，OS＝4
　CO＝12 であるから，CS＝$4\sqrt{10}$

ここからは，ランプ-シェードの定理の力を借りましょう．
　△BPT∽△CPB
　△CPB∽△CSO
より，
　△BPT∽△CSO 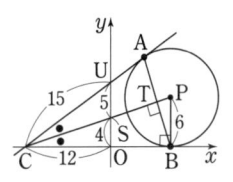
これより，
　PB：BT＝SC：CO
　6：BT＝$4\sqrt{10}$：12
　BT＝$\dfrac{9\sqrt{10}}{5}$　∴　**AB＝$\dfrac{18\sqrt{10}}{5}$**

入試を勝ち抜く数学ワザ㊿

回転体は魔女の三角帽子

ある図形を軸に沿って回転させたときにできる立体を"回転体"と呼びます．

今回のテーマは，'多角形'と'軸'の重なりや交わりに注目し，"回転体"の求積を楽にすること．同じ平面上に置かれた多角形 P が軸 l の周りをブンブン回転します．

中でも，'単純な円すい'としての処理の難しいものを扱います．

では，まず確認です．

三角形を軸 l で回転させた下図で，Ⓐのような詰めて膨らんでいるものでも，Ⓑのような中をくりぬいたものでも，高さ h を図のように取れば，$\pi r^2 \times h \times \dfrac{1}{3}$ と，計算が一遍で済みます．

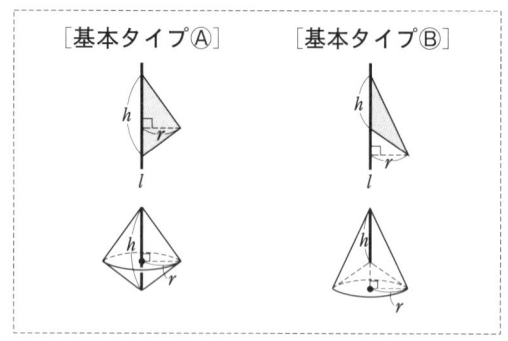

[基本タイプⒶ]　[基本タイプⒷ]

➡注　わざわざ分割して，加えたり・除いたり計算する必要はないわけです．

このように，(底面に対しての)高さの取り方を工夫するだけで，だいぶスマートになります．この**基本タイプ**を習得しましょう．

では，問題です．

問題　図のように，放物線と直線が2点A，Bで交わっている．

このとき△AOBを，次のそれぞれの直線を軸に回転したときにできる回転体の体積を求めよ．
(1)　x 軸
(2)　y 軸
(3)　直線OB

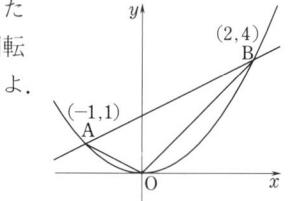

できる回転体のイメージを作り出しましょう．それには，回転軸の反対側にもひっくり返した図形を描くことです．

僕もかぶる！

解法　(1)　x 軸の反対側(下側)にも図を取り，回転させその見取り図を描いてみましょう．

そしてこれを，細かく分解していきましょう．

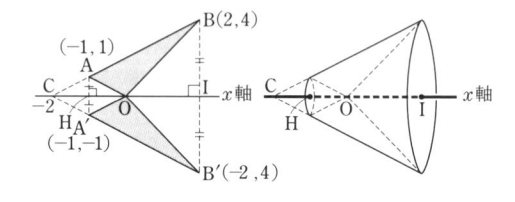

まず，Cが頂点で円Iを底面とする円すいから，頂点Cで円Hが底面，頂点Oで円Hが底面，さらに頂点Oで円Iが底面，このような三つの図形(円すい)を除きます．

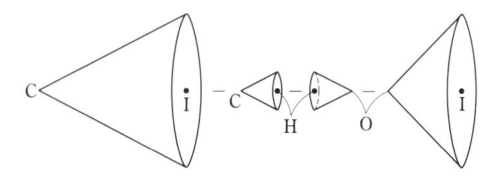

ここで，上図を組み替えてみましょう．その際，**基本タイプ**を活用すると…．

さて，右図のように，底面の等しいものどうしをまとめれば，たった二つの図形のみに集約されます．

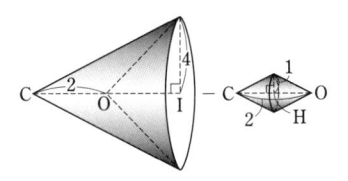

$$4^2\times\pi\times2\times\frac{1}{3}-1^2\times\pi\times2\times\frac{1}{3}$$
$$=(4^2-1^2)\times\pi\times2\times\frac{1}{3}=10\pi$$

上の二つの立体の場合，底面に対する高さも一致して等しいので，次のように式をまとめることもできます．

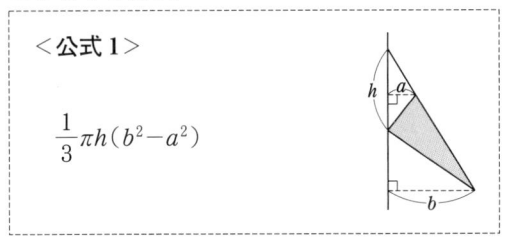

<公式1>

$$\frac{1}{3}\pi h(b^2-a^2)$$

➡注　b^2-a^2 は上の式では，4^2-1^2 がそれです．

類題（14 筑波大附）

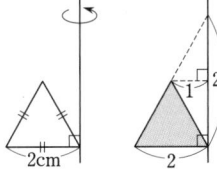

$h=2\sqrt{3}$, $a=1$, $b=2$
∴ $2\sqrt{3}\,\pi\,(\mathrm{cm}^3)$

次の（2）は，これこそ高校入試の王道です．
△AOB を y 軸について裏返した形を△A′OB′ とし，これら二つを重ねます．
その際，D(0, 2)，E$\left(\dfrac{2}{3},\dfrac{4}{3}\right)$ を確認しておきます．

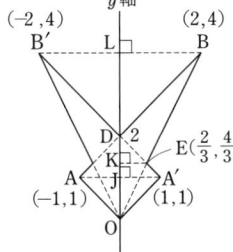

➡注　点 E は，直線 OB と A′B′ の交点として求めます．

これを回転すると，右図のようにちょっと複雑です．

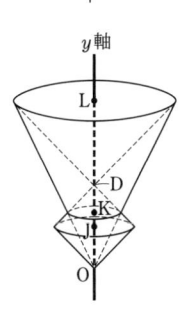

そこで，次のように分解して考えます．
［領域㋐＋㋑］
　＋［領域㋑＋㋒］
　－［領域㋑］

$$=2^2\times\pi\times2\times\frac{1}{3}+1^2\times\pi\times2\times\frac{1}{3}$$
$$-\left(\frac{2}{3}\right)^2\times\pi\times2\times\frac{1}{3}$$
$$=\left\{2^2+1^2-\left(\frac{2}{3}\right)^2\right\}\times\pi\times2\times\frac{1}{3}=\frac{82}{27}\pi$$

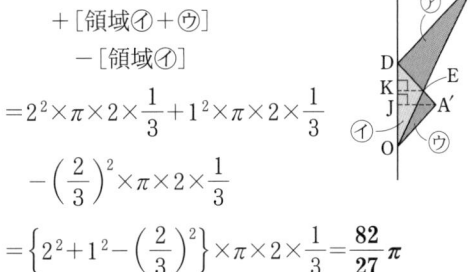

やはり式をうまくまとめることができました．結局，次のようになるのです．

<公式2>

$$\frac{1}{3}\pi h(a^2+c^2-b^2)$$

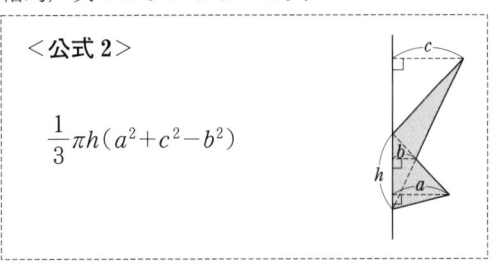

➡注　$a^2+c^2-b^2$ は，上の $2^2+1^2-\left(\dfrac{2}{3}\right)^2$ がそれです．

最後に（3）です．今度は OB を軸とし，その反対側に△OA′B をとります．そうすると，右図にある AM を半径とし，OB を高さとする円すいです．

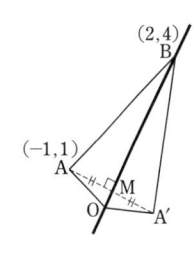

直線 AA′ の式は，
$$y=-\frac{1}{2}x+\frac{1}{2}$$
ですから，これより
M$\left(\dfrac{1}{5},\dfrac{2}{5}\right)$ で，
AM$=\dfrac{3\sqrt{5}}{5}$, OB$=2\sqrt{5}$

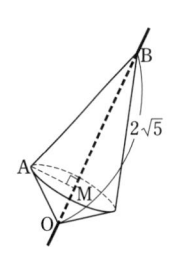

となりますから，その体積は $\dfrac{6\sqrt{5}}{5}\pi$ です．

➡注　AA′ の傾きは OB のそれが 2 から求めます．これでもう回転体も恐るるに足らずですね．

入試を勝ち抜く 数学ワザ(51)

回転体もメンドウじゃない！

入試前のことでした．塾の同僚から私に，「この前の方法，回転体にも使えますよ」と，突然のお話がありました．

その“この前の方法”とは，私が以前に取り上げた次のような五面体の求積にまつわる事柄です．

右のような立体(私は屋根型とよんでいる)の求積は，入試において頻出ですから，皆さんも一度は触れたことがあるでしょう．この体積は，公式化して覚える価値があって，a，b，c の辺と垂直な面の面積を S とすると，その体積は $\frac{1}{3}(a+b+c)S$ と表すことができる，というものです．これは五面体を，底面積が S，高さを a，b，c の平均とする“三角柱”と見立てて計算しているものです．

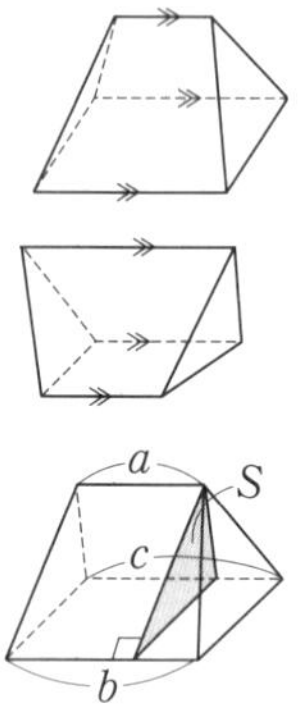

話をもとに戻すと，気付いたことは，次のようなことでした．

<回転体の求積>

面積 S の三角形を，l を軸に回転させたときの回転体の体積は，

$$\frac{1}{3}(a+b+c)S\times 2\pi \cdots Ⓐ$$

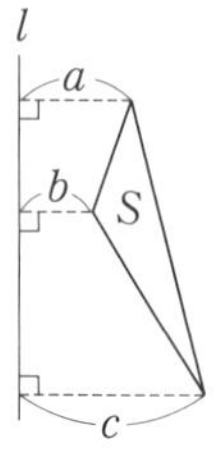

この事実って本当？

確認してみましょう．

証明．図1のように x，y を置きます，そして，三角形を回転させると，図2のようになりますね．つまりこれは，大きな円錐台から，中の2つの小さな円錐台をくりぬいた形になっているわけですね．そこで，これらをバラバラに分解して考えてみると，

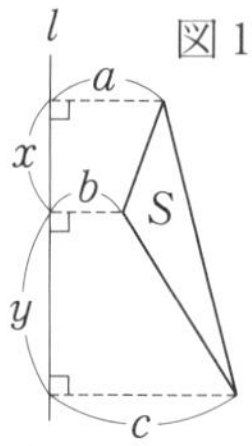

図1

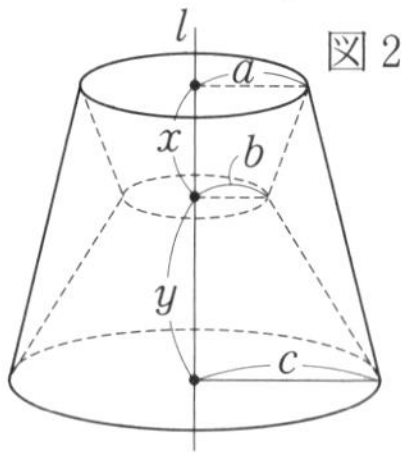

図2

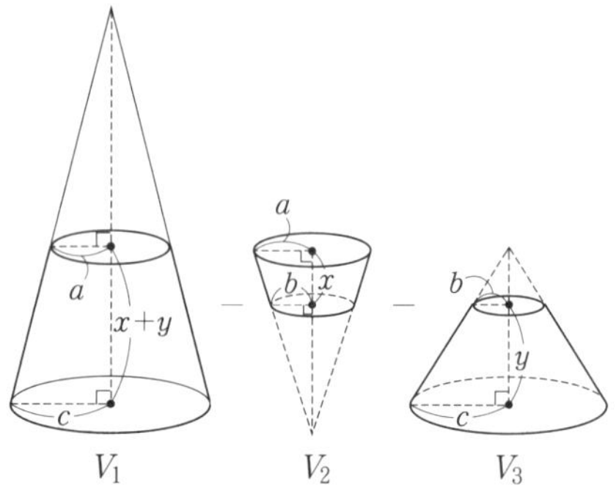

体積 $V_1=\frac{1}{3}\pi(x+y)(a^2+ac+c^2)$，

体積 $V_2=\frac{1}{3}\pi x(a^2+ab+b^2)$，

体積 $V_3=\frac{1}{3}\pi y(b^2+bc+c^2)$

となって，回転体の体積は，$V_1-(V_2+V_3)$ ですから，整理して，

$$\frac{1}{3}\pi(a+b+c)(cx-bx+ay-by) \quad \cdots *$$

ここで，$S=\frac{1}{2}(cx-bx+ay-by)$

ですから，$cx-bx+ay-by=2S$

で，これを＊へ代入すれば，

$\frac{1}{3}\pi(a+b+c)\times 2S$ となります．

これで定理が証明されたわけです．（終）

➡**注**　V_1～V_3 を求める計算の途中で，

$c^3-a^3=(c-a)(c^2+ac+a^2)$

という，高校範囲の因数分解が必要になります．

計算が複雑で，分かりにくくなってしまいましたが，イメージとしては図2を切り開き（図3），さらにこれを広げて（図4），引き伸ばして，図5のような五面体にする，と想像すれば定理が成り立つことへの理解が深まるのではないでしょうか．

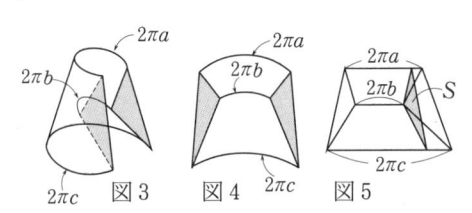

図3　図4　図5

そこで，図5において五面体の公式を利用すれば，体積は

$$\frac{1}{3}(2\pi a+2\pi b+2\pi c)\times S$$

ですから，これを整理して，定理と同じ式を導けばよいのです．皆さん，何となくイメージがつかめましたか．

そこでふと，私は次のことを思い出しました．

<パップス-ギュルダンの定理>
　△ABCの面積をS，重心をG，Gをlを軸に回転させたときの道のり（周の長さ）をgとすると，△ABCをlを軸に回転させたときの回転体の体積Vは，$V=gS$
　（ただし，△ABCとlは交わらない．）

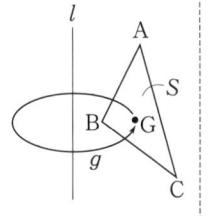

皆さん，これは先ほどの事柄と，表現方法は違えども，内容は同じなのです．

それは例えば右図において，Gとlとの距離は

$$\frac{1}{3}(a+b+c)\quad(\cdots *)$$

ですから，$g=\dfrac{1}{3}(a+b+c)\times 2\pi$

となって，まったく同じ結果が得られますよね．

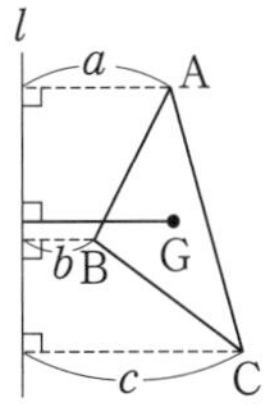

➡注　（*）について；lを座標軸とみなせば，重心Gの座標は3頂点A，B，Cの座標の平均ですから，明らかです．

どれだけ計算が簡略になるのか，次の92年の慶応女子（一部略）で試してみましょう．

問題　右図の六角形ABCDEFにおいて，
∠ABC＝∠CDE
＝∠DEF＝∠FAB
＝90°，
∠AFE＝135°，
AF＝BC，FE＝ED
とする．また線分FDの中点をOとすると，AO＝10cmである．FO＝4cmのとき，この六角形を直線ABのまわりに一回転してできる回転体の体積を求めよ．

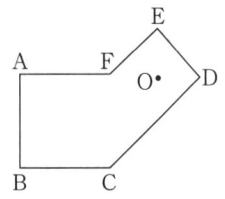

解法.（検算）　右のように，台形ABCDと△EFDの2つに分けて考えましょう．

そこで，△EFDの回転体の体積ですが，△EFD＝16で，先ほどの定理を使うと，

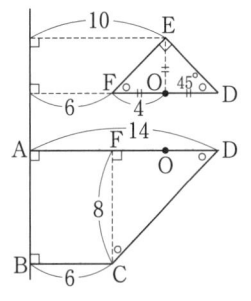

$$\frac{1}{3}(10+6+14)\times 16\times 2\pi=320\pi \quad です．$$

また台形の方は，FC＝FD＝8から，[△CDFに定理を使い，▱ABCFは円柱として求めて] $\dfrac{2528}{3}\pi$で，これら2つを加えて，

$$\frac{3488}{3}\pi\;(\mathbf{cm^3})\quad が答えとなります．$$

➡注　Ⓐは，三角形の位置によらず成り立ちます．

いかがでしたか．確かに便利な方法なのですが，これをこのまま"答案用紙に記す"ことには疑問が残ります．検算に用いる程度に留めておくのが妥当でしょう．

入試を勝ち抜く 数学ワザ㊾

'影の問題'の主役たち

いわゆる『影の問題』には2種類あって、電球などに代表される、光が光源から'均等'に広がるものと、太陽光のように、'方向を保ちながら'発するものとに大別されます．

今回はそこで、前者を扱うことにします．これには、定番といえる考え方がありますから、しっかり掌握してください．まずは導入です．

問題 1.
図のような点Pにある電球が、これら立体を照らすとき、平面 α, β 上で影になる部分を右の方眼に斜線で示せ．

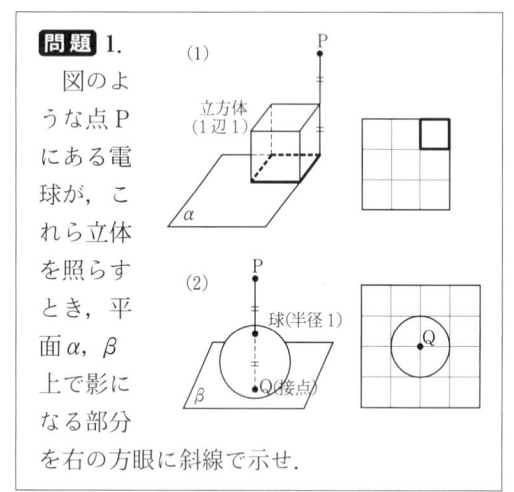

解法． (1) PAを通る光は、面 α と点 A′ で交わり、同様に PB, PC は B′, C′ で交わります．したがって、四角形 A′B′C′H 内に光が入ることはありません．ところで、PH=2PD ですから、A′H=2AD で、同様に B′H=2BD, C′H=2CD ですから、四角形 A′B′C′H は正方形となり、映し出される影は右図のようになります．

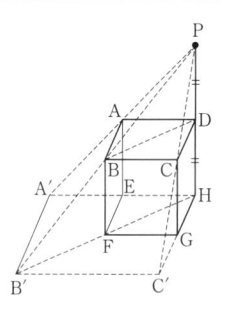

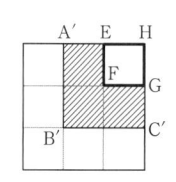

(2) 平面 β 上の点 A′ において、PA′ を通る光は、この球に点 A で接するとします．

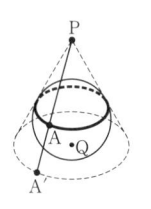

ここで、点 A を球面上を動かしていけば(太線)、A′ は面 β 上で円を描き、この内に光が入ることはありませんから、影は円となります．

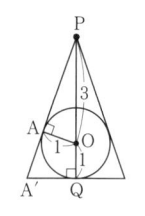

そこで、3点 P, A′, Q を通る平面で切断したのが右図で、球の中心をOとすると、△POA∽△PA′Q から、A′Q=$\sqrt{2}$ です．

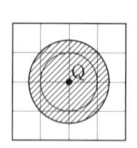

つまり映し出される影は、Qを中心とした半径 $\sqrt{2}$ の円です．

以上、"光源を中心とする相似形"を描くことで、影を映し出せることを、理解していただけましたか．

ではいよいよ実戦です．まずは私が塾の模試で出題したものから．

問題 2. 右図のような1辺が $\sqrt{2}$ の正方形と正三角形に囲まれた立体が、面 IJKL で平面 α と接している．

LD の延長上の LD=DP となる位置にある電球Pが、この立体を照らすとき、次の各問いに答えよ．

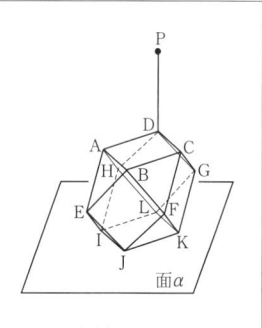

(1) 面 α 上で点Aの影を A′ とする．このとき、LA′ の長さを求めよ．
(2) 面 α 上で点Hの影を H′ とする．このとき、LH′ の長さを求めよ．
(3) 面 α 上で、この立体の影となる部分の面積を求めよ．ただし、IJKL の部分は除く．

Cuboctahedron と呼ばれる半正多面体（立方体から 8 つの角を切り落とした立体）の影ですが，臆することはありません．基本は**直角三角形の相似**を上手に使うことです．（1）（2）をヒントにして，影の周囲（境界）を描きましょう．

解法．（1）（2）
まず A′ は，図 1 のように考えて，
A′L＝2AD＝$2\sqrt{2}$
です．

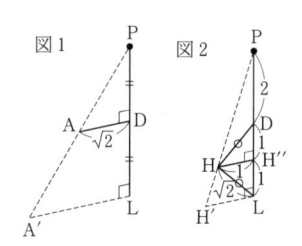

次に H′ ですが，これは図 2 のように，LD＝2 ですから，H から DL へ垂線 HH″（＝1）を下ろせば，H′L＝$\frac{4}{3}$HH″＝$\frac{4}{3}$ です．

そこで（3）ですが，平面 α を 1 つのます目が 1 の方眼紙に見立てて考えます．そして A，B，C の平面 α 上での行き先を A′，B′，C′（図 3），同じく E，F，G，H の行き先を E′，F′，G′，H′（図 4）とします．

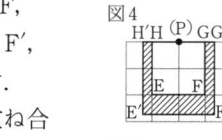

そこで，これらを重ね合わせてみましょう（図 5）．

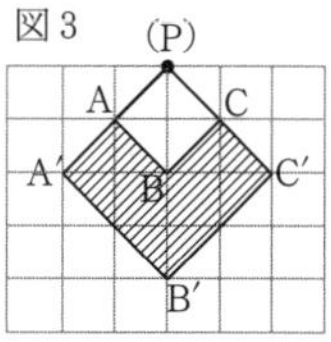

図 5 の太線で囲まれた中から，底面 IJKL の部分を引けばよいので，できる影は斜線部で，面積は，$\frac{26}{3}$

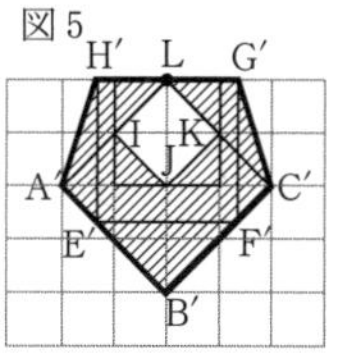

➡**注** E′，F′ はそれぞれ A′B′，B′C′ 上にあります．なぜなら，G′G″∥LB′ となるように B′C′ 上に点 G″ をとると，
B′G″：G″C′＝2：1
よって G′G″＝$\frac{8}{3}$ となり，
G″ と F′ は一致します．したがって F′ は辺 B′C′ 上にあり，E′ も同様です．

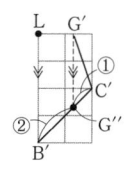

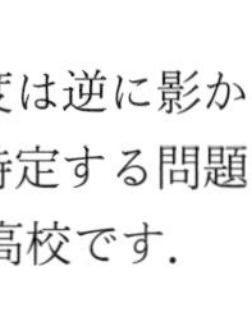

そして最後は趣きを変えて，今度は逆に影から，立体の大きさや光源の位置を特定する問題をやってみましょう．01 年の開成高校です．

問題 3. 水平な机の上に立方体と球が置いてある．ある位置に固定してある豆電球を点灯したところ，机の上で光の当たらなかったところは図の網目部分のようになった．ただし，図の方眼の 1 目盛りは 1cm とする． 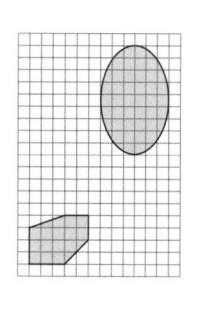
(1) 立方体の 1 辺の長さを求めよ．
(2) 豆電球の机からの高さを求めよ．
(3) 球の半径を求めよ．

方眼上での豆電球の位置は，相似の中心ですから，右図のように延長すれば，その交点 P′ がそれにあたります．

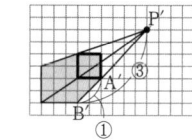

解法．（1）右図の太線部が立方体の底面を表しているので **2cm** です．
（2）上図で，
P′B′：A′B′＝3：1
で，豆電球の位置を P，B′ を立方体の頂点 B の影とすれば，
PP′：BA′＝3：1
ですから，机からの高さ PP′＝**6cm** です． 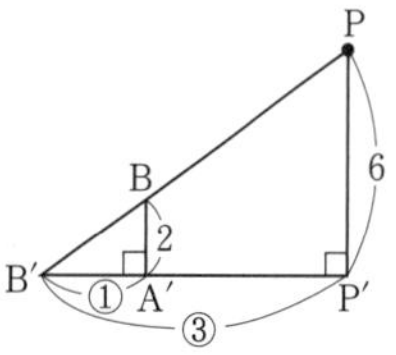
（3）右図の方眼で，P′ を通る縦の方眼線に対して球の影は対称なので，球の中心はこの線の上にあります．そこで図のように，方眼線と影の境界との交点を C，D として，P，C，D を通る平面で考えます．するとこの平面上に球の大円があり，これは △PCD の内接円といえます．CD＝9，PC＝$3\sqrt{5}$，PD＝$6\sqrt{5}$ ですから，半径は $\frac{3}{2}(\sqrt{5}-1)$ **cm** となります．

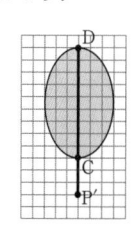

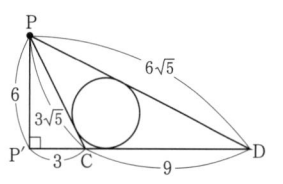

コラム④

'みなぞうくん'を「x」で解く

初めの問題は，私が塾の広告用に作成したものに少々手を加えました．

問題 1. 新規オープンしたばかりの新江ノ島水族館の人気者「みなぞう」のショーを見るために出掛けることにした．

電車を降りて，a 人が水族館へ向かったところ，開館時間である 10 時ちょうどに到着したが，すでに b 人が中へ入るところで，なお 1500 人が入館できずに列を成していた．

ところが，開館してからしばらく待ってもまだ 400 人が入館できずに待たされていて，そこで時計に目をやると，針は 10 時 36 分と 37 分の間を指していた．この人数は，さきほど数えたのとまったく同じである．

では，この行列がなくなる時刻を求めよ．
ただし電車(定員は 1000 名)以外に交通手段はないものとして，6 分毎にそれは到着し，a 人が水族館へ向かう．また 10 時を皮切に 1 分間隔で b 人ずつが入館するものとする．

いきなりの長文ですが，挿絵を見るとホッとするでしょう．

開館時間 10 時の様子は，「b 人が入館」してもなお「1500 人が入れず」に，さらにそこへ電車から「a 人が加わる」ので，行列は 1500+a (人)です．

その 1 分後には続けて「b 人が入館」するので，$a+1500-b$ (人)が 10 時 1 分の行列ということです．ところがこのペースでずっといくか，というとそうではありません．電車が 6 分毎に到着し，その際「a 人ずつ増える」のですから．

解法. では，まとめましょう．開館からの時間を x (分)，行列を y (人)とすると，

$0 \leq x < 1$　　$y = 1500 + a$
$1 \leq x < 2$　　$y = 1500 + a - b$
$2 \leq x < 3$　　$y = 1500 + a - 2b$
$3 \leq x < 4$　　$y = 1500 + a - 3b$
$4 \leq x < 5$　　$y = 1500 + a - 4b$
$5 \leq x < 6$　　$y = 1500 + a - 5b$
$6 \leq x < 7$　　$y = 1500 + 2a - 6b$
$7 \leq x < 8$　　$y = 1500 + 2a - 7b$
　　　………

数式により鮮明になりますね．"a の係数は x が 6 刻むごとに 1 増加し，一方 b の係数は x が 1 刻むごとに 1 減少" します．これをグラフにしてみましょう．

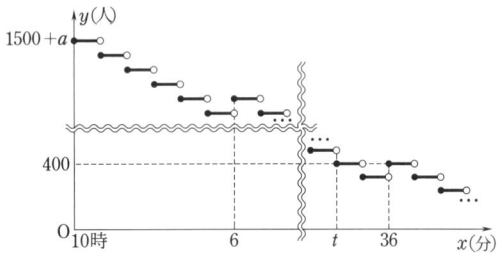

ミナミゾウアザラシの「みなぞうくん」．体長 4.5m，体重 2t．いろんな芸で皆を楽しませてくれる．

時計の針が 36 分と 37 分の間を指すときの行列は 400 人ですから，切り口としては上のグラフで $36 \leq x < 37$ の範囲を考えればいいのです．確かに行列は徐々に短くなっていますが，実際なくなるのはそれよりまだ先でしょうから，そこまで順にするのは容易ではないので，切り捨

ての記号「⌊x⌋」を使って立式を試みてみます．

　記号の使い方はこうです．文字通り'切り捨て'ですから，$\lfloor 3.14 \rfloor = 3$，$\lfloor 2 \rfloor = 2$ と表されて，そうすると先ほどの式は，

$$y = 1500 + \left\lfloor \frac{x}{6} + 1 \right\rfloor a - \lfloor x \rfloor b \quad (\cdots\cdots\text{※})$$

と表現されます．この x にいろいろな値を代入することで，これが正しいことは確認できます．

　式※が $36 \leq x < 37$ では，$y = 1500 + 7a - 36b$ となり，$y = 400$ なので整理して，

$$-7a + 36b = 1100 \cdots\cdots\cdots Ⓐ$$

　さらに，10 時 t 分（$t < 36$）にも'同じ人数'だったので，

① $30 \leq t < 36$ ならば，※で，
$400 = 1500 + 6a - \lfloor t \rfloor b$ ∴ $\lfloor t \rfloor b - 6a = 1100$

　ここで $\lfloor t \rfloor$ は自然数なのでこれを T とおくと，
$$Tb - 6a = 1100 \cdots\cdots\cdots Ⓑ$$

　ⒶⒷから $a = (36-T)b$ で，これをⒷに代入し整理すると，$(7T-216)b = 1100 \cdots\cdots$ Ⓒ

　b が自然数になるのは $T = 31, 34$ のときですが，$T = 31$ のときはⒸより $b = 1100$．これをⒷに代入し，$a = 5500$ で，電車の定員をオーバーしてしまいます．一方，$T = 34$ のときは $a = 100$（$b = 50$）で成り立ちます．

② $24 \leq t < 30$ ならば，$Tb - 5a = 1100$．①と同様にすると，$(7T-180)b = 2200$ で，やはりここから出る $T = 26$ も題意を満たしません．

③ この後も同様で，やはり題意を満たしません．よって，$a = 100$，$b = 50$ のみが成り立つことが確認できます．

　そこで行列がなくなるのは，式※で $y = 0$ ですから，整理して，$30 + 2\left\lfloor \dfrac{x}{6} + 1 \right\rfloor = \lfloor x \rfloor$ となります．この x にいろいろな数値を代入していくと，**10 時 46 分**が答えです．

　そしてもう 1 問．05 年の筑駒の問題（一部略）です．

問題 2. 10 円硬貨と 50 円硬貨と 100 円硬貨の 3 種類のみを使った両替を考える．

　はじめに 10 円硬貨と 50 円硬貨が何枚かあった．硬貨の枚数ができるだけ少なくなるように両替したら，はじめの枚数より 5 枚減った．硬貨の合計金額として考えられるものをすべて答えよ．

　50 円硬貨の枚数は，10 円硬貨の両替枚数によっても左右されます．

解法．10 円硬貨と 50 円硬貨の，最初の枚数をそれぞれ x，y 枚とします．

① 10 円硬貨の両替は，これが 5 枚で 50 円硬貨に両替されるので，$4\left\lfloor \dfrac{x}{5} \right\rfloor$ 枚減ります．

	50 円硬貨	10 円硬貨	硬貨全体
$0 \leq x < 5$	変化なし	変化なし	変化なし
$5 \leq x < 10$	1 枚増	5 枚減	**4 枚減**
$10 \leq x < 15$	2 枚増	10 枚減	**8 枚減**
$15 \leq x < 20$	3 枚増	15 枚減	**12 枚減**

② 50 円硬貨は，10 円硬貨の両替により，$\left\lfloor \dfrac{x}{5} \right\rfloor$ 枚増えて，数は $\left\lfloor \dfrac{x}{5} \right\rfloor + y$（枚）となります．

　そしてこれが 2 枚で 100 円硬貨に両替されますから，これにより $\left\lfloor \dfrac{\left\lfloor \frac{x}{5} \right\rfloor + y}{2} \right\rfloor$ 枚が減ります．

　以上①，②から，硬貨の減る枚数は，

$$4\left\lfloor \frac{x}{5} \right\rfloor + \left\lfloor \frac{\left\lfloor \frac{x}{5} \right\rfloor + y}{2} \right\rfloor$$

（1） $4\left\lfloor \dfrac{x}{5} \right\rfloor = 0$ のとき，$\left\lfloor \dfrac{0+y}{2} \right\rfloor = 5$ なので，$y = 10, 11$（$0 \leq x < 5$）

（2） $4\left\lfloor \dfrac{x}{5} \right\rfloor = 4$ のとき，$\left\lfloor \dfrac{1+y}{2} \right\rfloor = 1$ なので，$y = 1, 2$（$5 \leq x < 10$）

　以上（1），（2）より，

　　（10 円刻みで）100 ～ 190，500 ～ 590 円

インデックス（◆印…重要性質・定理）

（太字はその項目の解説があるページを示します．）

＜数＞

- ◆整数の個数… p.**4**, 6
- ◆ベン図の利用 ……… p.**4**
- ◆余り …………… p.6, **7**（中国剰余定理），10
- ◆互いに素 …………………………… p.**8**, 9
- ◆最大公約数… p.**8**
- ◆最小公倍数 ……… p.**9**
- 代数学の基本定理 …………………… p.**9**

> 2数の積＝最大公約数×最小公倍数

- ◆約数の個数

> $a^p \times b^q \times c^r \times \cdots$ と素因数分解される数の正の約数の個数は，$(p+1) \times (q+1) \times (r+1) \times \cdots$

- 単位分数… p.**12**　　合同式 ……………… p.**10**
- 記数法（2進法，10進法） ……………… p.**14**
- レプユニット数 ……………………… p.**16**
- ガウス記号 ……………… p.**18**, 20, 114, 115
- ◆不定方程式の解法 ………………… p.**22**
- ◆食塩水の問題 ……………………… p.**24**
- てんびん算… p.**24**　　等量交換 ……… p.**25**

＜関数とグラフ＞

- ◆三角形の面積（環の公式） ………… p.**32**
- ◆2直線の平行と垂直
  …… p.28, 29, 30, **31**, 34, 38, 39, 40, 42, 47
- ◆放物線上の2点を通る直線の式 …… p.**40**
- 放物線と接する直線の式（接線） ……… p.**40**, 43
- 放物線は相似 …………………………… p.**40**
- 放物線と2本の平行線の関係 ………… p.**40**, 42
- 放物線の定義と焦点・準線 …………… p.**45**
- 双曲線の定義（直角双曲線） …………… p.**46**
- ◆等積変形 ……………………… p.**28**, 30
- ◆三角形の面積二等分

> 点Dが定点のとき，
> $\dfrac{AD}{AB} \times \dfrac{AP}{AC} = \dfrac{1}{2}$
> となる点Pをとる．

- ◆平行四辺形の面積二等分

> 対角線の交点を
> 通ればよい．

- ◆台形の面積二等分 ………………… p.**31**
- 台形の重心の座標 …………………… p.**31**
- 座標幾何 ……………………………… p.**38**
- グラフでの最大値（線形計画法） …… p.**48**
- ガウス記号のグラフ …………… p.**18**, 114
- v-t グラフ（速さと時間のグラフ） ……… p.**50**

＜平面図形＞

- ◆補助平行線の引き方のコツ ……… p.**54**
- ◆対称性 …………… p.**57**, 64, 70, 102, 105
- ◆折れ線の最小・最短距離・経路・反射（平面）
  ………………………………… p.**47**, 56, 60
- 三角形内部の点からの最小・最大 …… p.**60**, 79
  （トリチェリの定理・最短シュタイナー問題）
- 三角不等式 …………………………… p.**79**
- ◆角の二等分線定理とその逆
  ………… p.47, 57, 66, 70, 71, 74, 107

> $AB:AC=BD:DC$
> （逆）
> $AB:AC=BD:DC$
> ならば，ADは∠A
> を二等分する．

- 角の二等分線の長さ ………………… p.**75**

> 上図で，$AD = \sqrt{AB \times AC - BD \times DC}$

- ◆三角形の重心 ………………… p.**90**, 97

> 右図で3本の中線の交点G
> を重心という．
> また，$AG:GM = 2:1$

- ◆中点連結定理とその逆 ………… p.**85**, 90

> M, Nが中点ならば，
> $MN \mathbin{/\!/} BC$, $MN = \dfrac{1}{2}BC$
> （逆）$MN \mathbin{/\!/} BC$, $MN = \dfrac{1}{2}BC$
> ならばM, Nは中点

- 三平方の定理の逆

> $AB^2 + AC^2 = BC^2$
> ならば，∠A＝90°

- 中線定理 ……………………………… p.**77**

三角形の垂心 ……………………………… p.47

Hを垂心という.

◆正三角形の面積 ……………………………… p.83

1辺をaとして，$\dfrac{\sqrt{3}}{4}a^2$

三角形の面積最小 …………………………… p.45
◆三角形の面積比 ……………………………… p.39

斜線部＝△ABC×$\dfrac{PQ}{BC}$

△ABC：△APQ
　＝BC：PQ

斜線部
　＝△ABC×$\dfrac{AP}{AB}$×$\dfrac{AQ}{AC}$

△ABC：△APQ
　＝AB×AC：AP×AQ

△ABC：△DCE
　＝CA×CB：CD×CE

◆相似な図形の面積の比 …………………… p.90

相似比$a:b$ ⇒ 面積比$a^2:b^2$

正八角形の辺 ………………………………… p.93, 94

＜円＞
◆円周辺の相似に着目(円内版) ……………… p.**74**
◆直角が描く円弧 …………………………… p.**36**, 72
◆共円点(同一円周上にある点) ……………… p.34, 71

4点は
同一円周上

補助円を描く …… p.35, 45, 60, 62, 64, 69, 71
◆円となる軌跡 ………… p.36, 37, 72, 73, 84, 85
内接正三角形の線分一定 ……………… p.**61**, 75
◆内心(内接円の中心)の性質 ………………… p.58

◆直角三角形の外接円の中心 ………… p.34, 36
◆方べきの定理 ………… p.35, 70, 71, 100, 101

PA×PB＝PC×PD　　PA×PB＝PC^2

◆外接円の半径

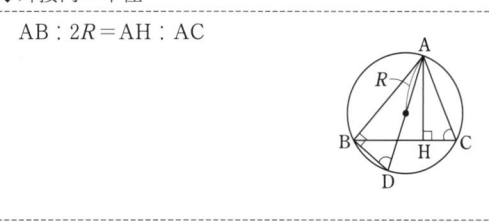

AB：2R＝AH：AC

円の折り返しと120° ……………………… p.**64**
◆おうぎ形や弓形の面積を導く
　……………………… p.37, 72, 73, 100, 101
円に内接する三角形の面積最大

三角形の高さが中心
を通るとき.
(PA＝PBとなる)

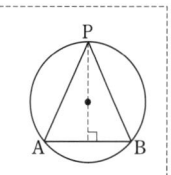

円内三角形の辺の和の最大値(江の島定理) …… p.**76**
線分を見込む角の最大値 ………………… p.**35**
線分を見込む角が一定 …………………… p.**37**
整四角形(ラングレーの問題) …………… p.**62**

＜円の弦＞
◆円の弦と半径の性質 ……………………… p.35

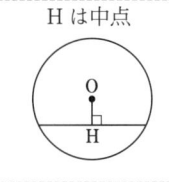

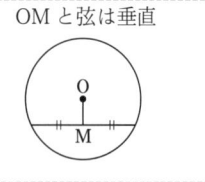

Hは中点　　　　OMと弦は垂直

◆外心(外接円の中心)の性質

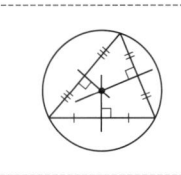

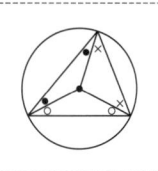

半径と弦の比が一定(ランプシェードの定理) … p.**107**

117

<円と接線>

◆円に引かれた2本の接線の長さ …………… p.68

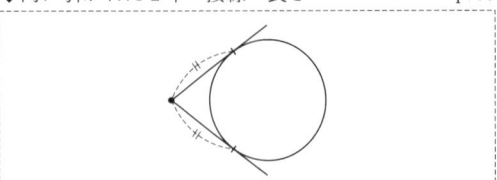

◆円の半径と接線の関わり
　　　　　………… p.45, 65, 70, 106, 107, 112

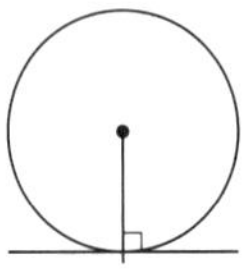

◆円に外接する四角形の辺の長さ
$a+c=b+d$

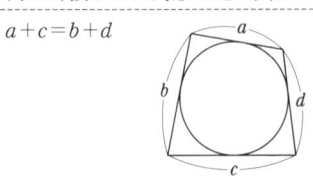

◆接弦定理 …………………………… p.66, 67, 70

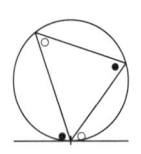

◆円周辺の相似に着目(接線版) ………………… p.**67**

接線と角の二等分線の組み合わせ ………… p.70

◆内接円の半径 ……………………………… p.69, 113

$\frac{1}{2}r(AB+BC+CA)$
$=\triangle ABC$

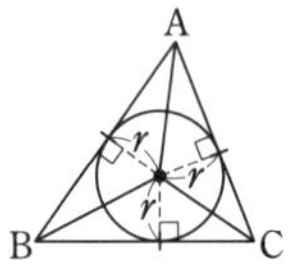

傍接円の諸性質 ………………………………… p.**68**

◆傍接円の半径 ………………………………… p.107

$\frac{1}{2}r(AB-BC+CA)$
$=\triangle ABC$

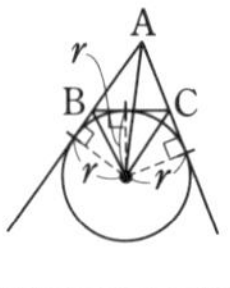

◆2本の接線の長さの活用(内接円型) ……… p.69

BC=BQ+CQ
　　=BP+CR
　　=(AB−x)+(AC−x)
∴ $x=\dfrac{AB+AC-BC}{2}$

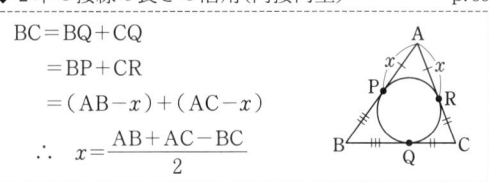

2本の接線の長さの活用(傍接円型) ……… p.107

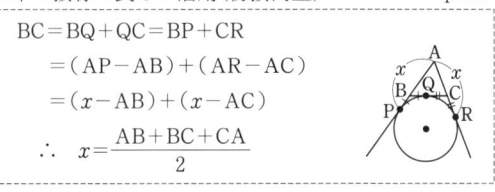

BC=BQ+QC=BP+CR
　　=(AP−AB)+(AR−AC)
　　=(x−AB)+(x−AC)
∴ $x=\dfrac{AB+BC+CA}{2}$

<接する2円>

◆接する2円の中心と接点の関係 ……… p.45, 68

3点は一直線上

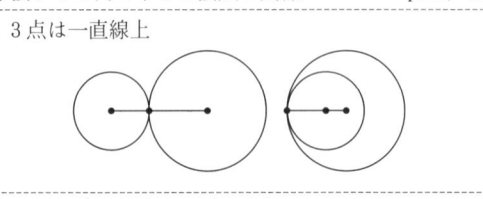

◆2円の共通外接線と円の中心 ……………… p.68

すべての点が一直線上

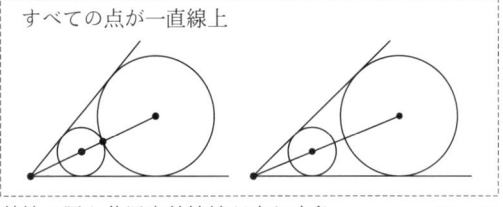

外接2円と共通内外接線が生む直角 …… p.**45**, 69

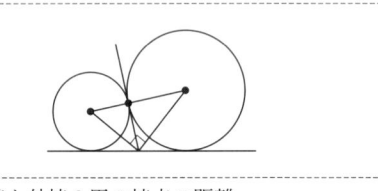

共通外接線と外接2円の接点の距離

$x=2\sqrt{ab}$

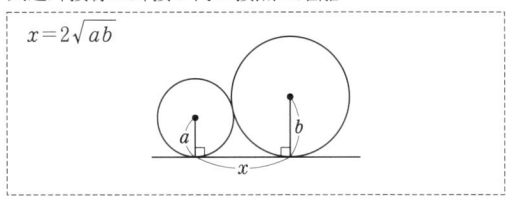

接する2円からひらめく平行

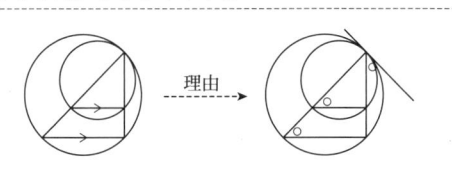

理由

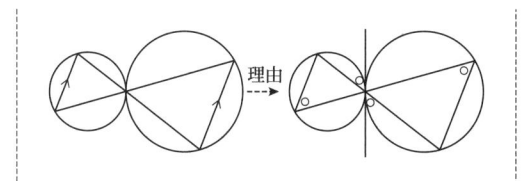

内接2円の隠された接線 …………… p.67

<立体図形>
面対称(対称面)
　… p.82, 83, 87, 96, 97, 101, 102, 103, 104, 106
立体の対等性… p.85　　双対性(双対多面体) … p.90
正六角形のシルエットいろいろ ……… p.81, 82, 96
◆折れ線の最小・最短距離・経路・反射(空間)
　…………………………… p.85, 86, 88, 98
◆直方体の対角線の長さ ………………… p.**87**
直方体の体積の二等分 ………………… p.**81**
◆正四面体の体積(1)　公式 ………… p.93

1辺をaとして，$\dfrac{\sqrt{2}}{12}a^3$

◆正四面体の体積(2)　立方体から ……… p.80
◆正八面体の体積 …………… p.**91**, 94, **96**, 97
正八面体の対面 ………………… p.83, **96**
◆相似な立体の体積の比 ……………… p.90

相似比 $a:b$ ⇒ 体積比 $a^3:b^3$

◆三角すいの分割と体積比 ……… p.80, 85
◆屋根型の体積 ………………… p.**81**, 110
正四角錐の切断面

$\dfrac{1}{a}+\dfrac{1}{c}=\dfrac{1}{b}+\dfrac{1}{d}$

＊底面は平行四辺形

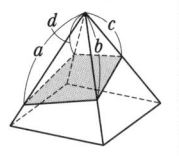

四面体の体積最大 ……………………… p.85
正十二面体 ……………………… p.91, 105
正二十面体 ……………… p.91, 93, 95, 105
半正多面体 …………………… p.**92**, 97, 113
立方八面体 …………………… p.**92**, 93, 97, 112
切頂四面体… p.93　　切頂八面体 …… p.97
反角柱 ……………………………… p.**94**
◆球の表面積・体積

半径をrとして，表面積 $4\pi r^2$，体積 $\dfrac{4}{3}\pi r^3$

◆正四面体の内接球の半径

$\dfrac{1}{3}r(\triangle ABC+\triangle ACD$
　$+\triangle ADB+\triangle BCD)$
$=$四面体 A-BCD
1辺a → $r=\dfrac{\sqrt{6}}{12}a$

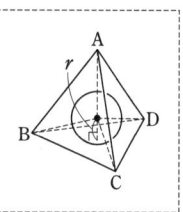

◆正四面体の外接球の半径

斜線の三角形で
三平方の定理
1辺a → $r=\dfrac{\sqrt{6}}{4}a$

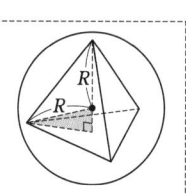

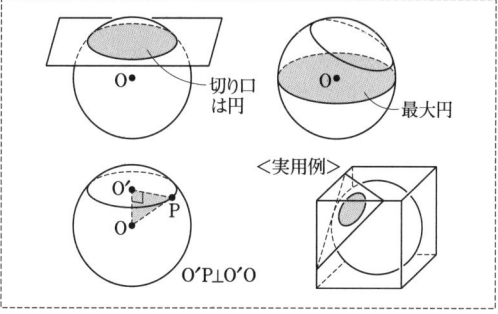

球面と平面の接点・交点 …………… p.100, 102
球面上の最短距離 …………………… p.**99**
球の中心と切断面 ………………… p.101, 102, 103

球への接線 ………………… p.106, 107, 112
辺接球 ……………………………… p.104
◆座標平面上の回転体 ……………… p.**108**, 110
(パップス-ギュルダンの定理)
立体の影の求積 …………………… p.112
球面との距離

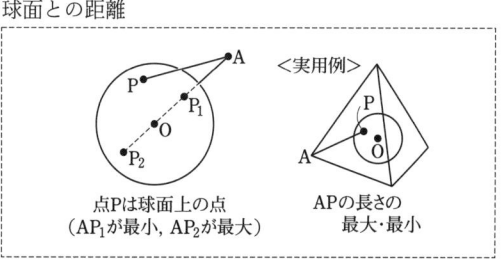

点Pは球面上の点　　APの長さの
(AP₁が最小，AP₂が最大)　最大・最小

119

あとがき

　これまで親しんだ算数から，未知の数学へと一気に転換する中1の春．そこから数えて約1000日，待っているのが高校入試です．
　忙しい中学生が限られた持ち時間で飲み込み，結果を残すために大切なキーワードは'効率的な学習術'であるとしても言い過ぎではありません．ただただあてもなく問題ばかりをこなしていても，受験というタイムリミットは刻々と皆さんの前に迫ってきます．
　勉強時間が確保できているにも関わらず，満足がいくほど伸びていないと悩んでいる皆さん．焦らず本書を信じ，強固な知識を確実なものとしましょう．必ず伸びるはずです．

　末筆ながら，20年余りの長きに亘りご指導いただいている東京出版の皆様方に，この度の上梓にあたり感謝の意をお伝えしたいと思います．

（谷津綱一）

高校への数学

入試を勝ち抜く数学ワザ52

2016年2月26日	第1刷発行
2021年1月25日	第3刷発行

著　者　谷津綱一
発行者　黒木美左雄
発行所　株式会社　東京出版
　　　　〒150-0012　東京都渋谷区広尾3-12-7
　　　　電話 03-3407-3387　振替 00160-7-5286
　　　　https://www.tokyo-s.jp/

整 版 所　錦美堂整版
印刷・製本　技秀堂
　落丁・乱丁の場合は，ご連絡ください．
　送料弊社負担にてお取り替えいたします．

ⓒKoichi Yatsu 2016 Printed in Japan
ISBN 978-4-88742-219-3